# 气象程序设计与绘图实验实习教程

孙晓娟　马红云　李丽平　编著

## 内容简介

本书概述了气象程序设计与绘图实验实习的步骤和方法。在介绍气象程序设计与绘图软件安装与运行的方法的基础上,重点叙述基于 FORTRAN 结构化程序设计、子程序调用和数组等方法对气象资料的分析和处理过程;基于 NCAR/NCEP 再分析资料,通过计算和绘制降水和气温的气候场实例,介绍 FORTRAN 对格点资料的处理方法及 GrADS 绘制气象要素场等值线和填色图的方法;结合对蒙古高压特征及其与我国气温关系分析的实例,重点介绍 FORTRAN 与 GrADS 读写文件、站点资料的处理、绘制单时间序列和气象要素场等不同类型图形的方法,旨在培养学生灵活解决气象业务中经常碰到的问题的能力。

本书适用于大气科学各专业及地学相关专业本科实验实习,也可供相关专业研究生、科研及业务人员参考。

## 图书在版编目(CIP)数据

气象程序设计与绘图实验实习教程/孙晓娟,马红云,李丽平编著.—北京:气象出版社,2015.12(2021.3 重印)
ISBN 978-7-5029-6260-9

Ⅰ.①气… Ⅱ.①孙… ②马… ③李… Ⅲ.①气象观测—应用程序—程序设计—教材 ②天气图—绘图软件—教材
Ⅳ.①P414-39 ②P459-39

中国版本图书馆 CIP 数据核字(2015)第 258600 号

QIXIANG CHENGXU SHEJI YU HUITU SHIYAN SHIXI JIAOCHENG
**气象程序设计与绘图实验实习教程**

| | |
|---|---|
| 出版发行:气象出版社 | |
| 地　　址:北京市海淀区中关村南大街 46 号 | 邮政编码:100081 |
| 电　　话:010-68407112(总编室)　010-68408042(发行部) | |
| 网　　址:http://www.qxcbs.com | E-mail:qxcbs@cma.gov.cn |
| 责任编辑:黄红丽 | 终　审:阳世勇 |
| 封面设计:博雅思企划 | 责任技编:赵相宁 |
| 印　　刷:三河市百盛印装有限公司 | |
| 开　　本:720 mm×960 mm　1/16 | 印　张:7.5 |
| 字　　数:153 千字 | |
| 版　　次:2015 年 12 月第 1 版 | 印　次:2021 年 3 月第 4 次印刷 |
| 定　　价:25.00 元 | |

本书如存在文字不清、漏印以及缺页、倒页、脱页等,请与本社发行部联系调换

# 前　言

　　本书根据大气科学与环境气象实验实习课程教学基本要求,结合编者多年的教学经验,在《气象程序设计与绘图》课程教学的基础上,广泛吸取国内外同类教科书的精华及教学实践总结,改编和修订而成。

　　气象业务与研究中,经常需要利用计算机语言和专业绘图软件对气象数据进行处理和分析。因此,气象专业编程与绘图水平已经成为衡量本学科大学生业务素质和能力的重要指标,它为学生今后的学习和工作奠定坚实的基础,具有重要意义。

　　该实验实习教材根据大气科学专业实际需求,旨在让学生灵活掌握与应用解决气象问题的工具,将程序设计与绘图知识融为一体,力求理论完整、实验实习知识系统化、实验目的层次化,为各类气象分析问题提供研究基础。其特点如下:

　　(1)循序渐进,深入浅出。为方便学生学习,本教材首先让学生从编写FORTRAN程序和GrADS命令的一个基本功能入手,练习两种软件开发、编译、运行方法。使学生在掌握这些工具基础上,逐步深入学习,掌握相关的程序设计和绘图方法,从而使学生可以边学习、边动手,更快掌握各种知识。

　　(2)知识连贯,面向专业。本教材将气象数据处理、分析与绘图流程融会贯通起来,深入剖析经典气象应用问题,突出实习环节的重点难点,使学生能够深入了解这些工具在专业方面的应用,增强其对专业问题的分析与解决能力。

　　(3)实验实习分层,强化实践。教材将根据不同学习阶段,设计实践教学内容,主要分三个层次:首先是基础验证型实验实习,该类实验实习主要涉及课程的相关知识点,实验实习目的是使学生验证、理解、掌握基本教学内容;其次是设计应用型实验实习,该类实验实习提出具体实验实习要求和实验实习成果,要求学生综合利用所学知识设计完成实验实习项目;最后是综合创新型实验实习,该类实验实习针对一些气象专业问题,要求学生综合应用程序设计和绘图技能进行解决,目的是培养学生分析问题和解决问题的能力。

(4)网络资源,加速学习。本教材各章 GrADS 编程与绘图涉及到的相关知识点源代码大多可以在 GrADS 开放学习网站中下载。为了方便练习,还在大多数章节中提供了 FORTRAN 和 GrADS 工具的学习实例,使学生能够快速地将理论和实践相结合进行练习。

(5)促使思考,加深理解。注重实验实习教学的各个环节,大部分实验实习需要学生亲自动手设计,促使学生认真准备,积极思考,加深理解实验实习目的、原理等内容。

(6)根据需求,合理取舍。本书所涉及的实验项目,超过了实验实习课教学的基本要求规定的学时数,详细说明实验实习所用的原理与技术,以便在使用时根据实际情况和实验实习学时数予以取舍。

教材编写旨在使学生通过实践环节,具备以下的实践动手能力:熟悉 FORTRAN 语言和 GrADS 软件的运行环境,能够熟练掌握程序调试的方法和步骤,能熟练运用两款软件处理气象数据资料,实现气象数据的分析和图形化显示,有效解决本专业中遇到的一些实际问题,使学生计算机应用能力得到显著提高,为专业应用和发展奠定基础。

实验实习教材离不开教师的教学经验和实验室的建设与发展。本教材凝聚着许许多多任课教师和实验中心技术人员的智慧和劳动。本书由孙晓娟负责策划、设计、编写及最终修改定稿。此外,气象程序设计及绘图课题组成员卢楚翰、王祥、董丽娜,特别是马红云和李丽平,他们对书稿的编写提出了重要的意见。本书在编写过程中参考了许多程序设计、绘图及气象学等有关教材,从中受益匪浅,出版时气象出版社给予了大力支持。本教材由 2014 年大气科学与环境气象实验实习教材建设项目(SXJC2014A01)和南京信息工程大学教材出版基金资助,倪东鸿教授和张永宏教授提供了诸多建议和帮助。在此均表示衷心的感谢。

由于编著者的水平有限且时间紧迫,书中难免有不妥之处,敬请读者和同行专家批评指正。

编著者

2015 年 7 月

# 目 录

前　言
绪　论 …………………………………………………………………………（ 1 ）
**第 1 章　气象程序设计与绘图软件安装与运行** ……………………………（ 5 ）
　1.1　实验实习目的 …………………………………………………………（ 6 ）
　　1.1.1　了解并掌握 FORTRAN 90 软件开发环境及基本操作 …………（ 6 ）
　　1.1.2　了解并掌握 GrADS 2.0 的软件环境及基本操作方法 …………（ 6 ）
　1.2　实验实习内容 1 ………………………………………………………（ 7 ）
　　1.2.1　问题描述 ………………………………………………………（ 7 ）
　　1.2.2　算法设计 ………………………………………………………（ 7 ）
　　1.2.3　程序编写 ………………………………………………………（ 8 ）
　　1.2.4　实验实习要求 …………………………………………………（ 8 ）
　　1.2.5　实验实习步骤 …………………………………………………（ 9 ）
　1.3　实验实习内容 2 ………………………………………………………（ 14 ）
　　1.3.1　问题描述 ………………………………………………………（ 14 ）
　　1.3.2　实验实习要求 …………………………………………………（ 14 ）
　　1.3.3　实验实习步骤 …………………………………………………（ 14 ）
**第 2 章　基于结构化程序设计方法的气象要素的处理** …………………（ 26 ）
　2.1　实验实习目的 …………………………………………………………（ 28 ）
　　2.1.1　掌握 FORTRAN 语言的基础知识 ……………………………（ 28 ）
　　2.1.2　掌握结构化程序设计的三种基本结构 ………………………（ 28 ）

2.1.3　掌握输入输出语句的使用方法 …………………………………（28）
  2.2　实验实习内容 ……………………………………………………………（28）
   2.2.1　问题描述 ……………………………………………………………（28）
   2.2.2　问题分析 ……………………………………………………………（29）
  2.3　实验实习要求 ……………………………………………………………（29）
  2.4　实验实习步骤 ……………………………………………………………（30）
  2.5　实验实习程序编写 ………………………………………………………（30）
   2.5.1　问题 1 ………………………………………………………………（30）
   2.5.2　问题 2 ………………………………………………………………（32）
  2.6　实例学习 …………………………………………………………………（33）

# 第 3 章　基于子程序调用的气象要素的处理 ……………………………（36）
  3.1　实验实习目的 ……………………………………………………………（37）
  3.2　实验实习内容 ……………………………………………………………（38）
   3.2.1　问题描述 ……………………………………………………………（38）
   3.2.2　问题分析 ……………………………………………………………（38）
  3.3　实验实习要求 ……………………………………………………………（39）
  3.4　实验实习步骤 ……………………………………………………………（39）
  3.5　实验实习程序编写 ………………………………………………………（39）
  3.6　实例学习 …………………………………………………………………（40）

# 第 4 章　蒙古高压特征分析 …………………………………………………（43）
  4.1　实验实习目的 ……………………………………………………………（45）
  4.2　实验实习内容 ……………………………………………………………（46）
   4.2.1　问题描述 ……………………………………………………………（46）
   4.2.2　问题分析 ……………………………………………………………（46）
  4.3　实验实习步骤 ……………………………………………………………（47）
   4.3.1　蒙古高压环流指数的气候和异常值计算 …………………………（47）
   4.3.2　蒙古高压环流指数距平时间序列图绘制 …………………………（47）
  4.4　实验实习关键技术及方法 ………………………………………………（48）
  4.5　实验实习程序编写 ………………………………………………………（48）
   4.5.1　FORTRAN 程序编写 ………………………………………………（48）
   4.5.2　GrADS 程序编写 ……………………………………………………（52）

## 目 录

4.6　实例学习 ……………………………………………………………（56）

### 第5章　基于 NCAR/NCEP 再分析资料的降水和气温的气候特征分析 …（64）
5.1　实验实习目的 …………………………………………………………（65）
5.2　实验实习内容 …………………………………………………………（66）
　5.2.1　问题描述 …………………………………………………………（66）
　5.2.2　问题分析 …………………………………………………………（66）
5.3　实验实习要求 …………………………………………………………（66）
5.4　实验实习步骤 …………………………………………………………（67）
5.5　实验实习程序编写 ……………………………………………………（68）
　5.5.1　提取 NCAR/NCEP 再分析资料中1月气温、降水二进制数据 …（68）
　5.5.2　计算1948—2010年1月气温、降水气候值 ……………………（71）
　5.5.3　绘制1948—2010年1月气温、降水气候图 ……………………（73）
5.6　实例学习 ………………………………………………………………（75）

### 第6章　蒙古高压与中国气温关系分析 ……………………………………（88）
6.1　实验实习目的 …………………………………………………………（89）
6.2　实验实习内容 …………………………………………………………（90）
　6.2.1　问题描述 …………………………………………………………（90）
　6.2.2　问题分析 …………………………………………………………（90）
6.3　实验实习要求 …………………………………………………………（91）
6.4　实验实习步骤 …………………………………………………………（92）
6.5　实验实习关键技术及方法 ……………………………………………（94）
6.6　实验实习程序编写 ……………………………………………………（94）
　6.6.1　计算1951—2010年1月蒙古高压强度与中国气温同期相关 …（94）
　6.6.2　站点数据转换成格点数据 ………………………………………（95）
　6.6.3　生成160站的格点文件 …………………………………………（97）
　6.6.4　编写"mh-t-gr.grd"的数据描述文件 ……………………………（98）
　6.6.5　编写"grid.grd"的数据描述文件 ………………………………（98）
　6.6.6　绘制1951—2010年1月蒙古高压强度与中国气温同期相关图 …（98）
6.7　实例学习 ………………………………………………………………（100）

### 参考文献 ………………………………………………………………………（110）

# 实验实习数据下载说明

本书所用的实验实习数据可以从以下网址获得：
(1)GrADS官网，ftp://grads.iges.org/grads/sprite/tutorial；
(2)气象出版社，http://www.qxcbs.com/ebook/qxcxsjyht/mdata.html。

# 绪　论

## 气象程序设计与绘图的作用及意义

　　气象业务与研究中,经常需要利用计算机语言和专业绘图软件对气象数据进行处理和分析。因此,气象专业编程与绘图水平已经成为衡量本学科大学生业务素质和能力的重要指标,它为学生今后的学习和工作奠定坚实的基础,具有重要意义。

　　从传统的课程设置来看,气象专业编程与绘图课程在绝大多数高校中均被划分为两类独立课程:计算机语言课程(FORTRAN,C＋＋等)和专业软件类课程(绘图软件 GrADS)。然而,就气象专业而言,数据的编程处理与图形分析是相互联系、密不可分的。原课程设置中专业应用的考虑缺失,致使原本紧密互促的课程被割裂,学生难以将所学知识熟练应用到专业领域的需求中。通过学生参加课程实践、毕业论文设计、教师科研项目等活动,我们发现在学校教学内容与实际需求之间存在一定的差距。目前,根据人才培养的新方案,已将"FORTRAN 语言程序设计"和"GrADS 绘图与编程"进行课程整合,形成一门全新的气象学科基础课程——"气象程序设计及绘图"。

　　鉴于"气象程序设计及绘图"是由原先两门独立课程整合而成,为提高学生的学习兴趣,加强学生动手能力的培养,实践实习环节的设计尤为重要。因此从专业需要和学生需求的实际出发,针对"气象程序设计及绘图"课程特点,融汇课程所学程序设计语言和绘图软件的知识,将具体气象应用实例作为实验实习教程进行综合汇编,注重学生对专业问题的分析和解决能力的培养,增强学生的探究性和自主学习性。

## 气象程序设计与绘图的任务

气象程序设计与绘图是对大气科学类专业学生进行程序设计和绘图基本训练的必要环节,也是大气科学类专业学生进入大学后受到气象信息处理技能训练的开端。通过本课程的学习,不仅可以加深对程序设计和气象绘图基本知识点的理解和运用,更重要的是使学生获得处理气象数据基本的编程和绘图方法,掌握一定的气象数据处理原理和技能,提高创新思维,为进一步学习后续课程和日后工作打好基础。大气科学类专业学生毕业后绝大部分将不同程度地从事科研、气象业务和气象新技术应用等与气象数据处理与分析有关的工作,培养良好的气象程序设计与绘图素质有重要的意义。本课程的实验任务是:

(1)以气象数据为处理对象,通过对其读取、保存、简单地运算,掌握 FORTRAN 编程语言的数据读写方法、顺序结构、判断结构、循环结构、子程序和数组等基本知识的运用,使学生验证、理解、掌握基本教学内容。

(2)通过对单时间序列和气象要素场等气象数据的绘图,练习 GrADS 单时间序列、气象要素场等阴影图、矢量图等不同类型图形的绘制,掌握 GrADS 的绘图技巧。

(3)针对一些气象专业问题,设计综合创新型实验实习,要求学生综合应用程序设计和绘图技能进行解决,培养学生分析问题和解决问题的能力。

## 气象程序设计和绘图的主要教学环节

为达到气象程序设计和绘图实验实习课的目的和任务,学生应重视气象程序设计与绘图教学的以下三个重要环节:

(1)实验实习前的预习

为了在规定的时间内,高质量地完成实验实习课的任务,学生应该做好实验实习前的预习。预习时,主要阅读实验实习教材,了解实验实习目的,搞清楚实验实

## 绪　论

习内容、要处理的对象、使用的方法、实验实习理论依据、实验实习的步骤、运用的程序设计和绘图的知识点，以及特别要注意的问题等；在此基础上，写好预习实验实习报告（包括实验实习名称、目的、原理、内容、步骤等），以便实验实习时，快速进入实验实习环节。

只有在充分了解实验实习内容的基础上，才能在实验实习操作中有目的地测试和运用所学编程和绘图知识，积极思考问题的解决方法，减少操作中的忙乱现象，提高学习的主动性。因此，每次实验实习前，学生必须完成规定的预习内容。一般情况下，教师要检查学生的预习情况，并评定预习成绩，没有预习的学生不得开始正式的实验实习。

(2) 进行实验实习

学生进入实验室后应遵守实验实习室规章制度，犹如一个科学工作者那样严格要求自己，按部就班地开机、打开实验实习环境，编写、编译、链接、调试程序，冷静分析和处理实验实习过程中的错误，排除故障。根据实验实习结果数据绘图，验证结果的正确性。

(3) 写实验实习报告

实验实习报告是对实验工作的全面总结，是交流实验实习经验、推广实验实习成果的媒介，学会书写实验实习报告是培养实验实习能力的一个方面。写实验实习报告要用简明扼要的形式将实验实习结果完整、准确地表达出来，这也是进行科学实验素质培养的必要内容之一。

实验实习报告要求文字通顺、字迹端正，数据齐全，图表规范，结果表示正确，分析讨论认真，实验报告要求在做完实验实习一周内独立完成，用学校统一印刷的"实验实习报告纸"书写并按时提交报告。

完整的实验实习报告通常包括以下内容：

**实验实习名称**　　表示做什么实验实习。

**实验实习目的**　　说明为什么做该实验实习，做该实验实习要达到什么目的。

**实验实习原理**　　用自己的语言对实验实习所依据的理论做简要叙述。实验原理一般包括：①文字；②计算所依据的主要公式及其简要的推导过程，注明公式中各种变量的含义、公式成立所要满足的条件等。

**实验实习内容与步骤**　　根据实验实习过程概括地、条理分明地写明实验实习所进行的主要内容与关键步骤。

**实验实习数据表格、图像与数据处理** 将实验实习结果用表格或图像的形式列于实验实习报告中,正确表示有效数字和单位,写出主要的计算内容,表明图表的标题。

**实验实习结果的讨论** 该部分要求对实验实习结果进行相应的讨论,分析结果的合理性,发现问题并尽量合理解释,对照前人的相关结论,发现异同,确定科学问题的解决方法,总结该实验实习的创新与不足。

气象程序设计与绘图实验实习虽然是在老师指导下进行,但在实验实习中学生不应是完全按照"操作指令"运转的"机器人",而应该积极发挥自己的主观能动性去思考问题,进行分析,探讨最佳实验实习方案,不断改进实验实习方法,增强自己的才干和实验实习技巧,在做实验实习时,我们不是要一个塞满东西的脑袋,而是要一个善于分析问题的头脑！我们不仅要有知识,更重要的是把知识转化为能力！

# 第1章 气象程序设计与绘图软件安装与运行

任何高级程序设计语言都必须与一个软件开发环境相关联。气象程序设计与绘图软件是将FORTRAN和GrADS(Grid Analysis and Display System)相结合的课程。FORTRAN快速完成大量的复杂的逻辑处理过程,而GrADS辅助FORTRAN将其处理结果以图形图像的形式显示,便于分析和应用。

Compaq Visual FORTRAN 6.6 是Compaq公司的Compaq Visual FORTRAN 6.5的升级产品,是一个集输入、编辑、编译、构建、运行和调试于一身的FORTRAN 90集成开发环境,也是当今个人计算机上功能非常强大与完善的FORTRAN 90软件开发环境(工具、平台)。Compaq Visual FORTRAN 6.6的前身是微软和DEC公司合作开发的Digital Visual FORTRAN 5.0,集成和保留了Digital Visual FORTRAN 5.0的主要特性,改进和增加了许多新特性。Compaq Visual FORTRAN 6.6 的核心是微软公司的Microsoft Developer Studio,FORTRAN 90程序开发的各项工作,都可在其上高效、快捷地进行。学习FORTRAN 90及其程序设计,必须首先了解、学习和掌握与之配套的软件开发环境Compaq Visual FORTRAN 6.6和Microsoft Developer Studio,为深入学习和掌握FORTRAN 90程序设计奠定基础。

GrADS是一款目前国际上流行的专业绘图软件,在国内外各高校和研究机构都有广泛地应用。它具有强大的数据处理和显示功能,可以帮助科研人员实现多种目标。在气象界,GrADS作为各类气象数据处理和显示的绘图软件被广泛应用,并迅速成为国内外气象界通用的标准图形环境之一。GrADS 是美国马里兰大学气象系开发的一款气象数据分析与显示软件。不仅为格点气象数据资料提供了一个优越的交互操作的分析与显示环境,而且还开发了支持站点数据资料的功能。GrADS 以其强大的数据分析能力、灵活的环境设置、丰富的出图类型,以及多样的地图投影方式等功能,为广大气象工作者的研究带来了极大方便。该软件自诞生以来,一直受到用户的欢迎和支持,并得到美国多家科研机构的大力支持,使其得以不断更新和完善,性能日益强大。随着计算机技术的不断进步,GrADS 也推出了适用于各种操作系统的软件版本。

了解和熟悉 Compaq Visual FORTRAN 6.6 和 GrADS 2.0 开发环境是进行程序设计和绘图的前提。本实验实习是学习和掌握软件开发环境 Compaq Visual FORTRAN 6.6 和 GrADS 2.0 的一次实验实习活动。

## 1.1 实验实习目的

### 1.1.1 了解并掌握 FORTRAN 90 软件开发环境及基本操作

(1)了解 FORTRAN 90 与软件开发环境的关系。

(2)掌握 FORTRAN 90 上机实验实习基本操作过程。

(3)掌握 FORTRAN 90 软件开发环境启动方法。

(4)理解有关工作空间、项目、文件的基本概念。

(5)掌握工作空间、项目、文件的创建方法。

(6)掌握软件开发环境图形用户界面。

(7)掌握程序的输入、编译、构造和运行方法。

(8)了解软件开发环境常用菜单、工具按钮、环境窗口的基本功能。

### 1.1.2 了解并掌握 GrADS 2.0 的软件环境及基本操作方法

(1)GrADS 的安装。

(2)GrADS 的启动与退出。

# 第1章 气象程序设计与绘图软件安装与运行

(3)GrADS 文件处理。

(4)GrADS 的使用流程。

## 1.2 实验实习内容1

### 1.2.1 问题描述

现有北京1951—1980年1月月平均气温文件beijingT.dat[①]，编写程序计算北京30年的平均气温，并输出结果。

北京1951—1980年1月月平均气温为1.0、−5.3、−2.0、−5.7、−0.9、−5.7、−2.1、0.6、−1.7、−3.6、−3.0、0.1、−2.6、−1.4、−3.9、−4.7、−6.0、−1.7、−3.4、−3.1、−3.8、−2.0、−1.7、−3.6、−2.7、−2.4、−0.9、−2.7、−1.6、−3.9(单位:℃)。

### 1.2.2 算法设计

通过对问题的分析，设计求解算法，并绘制流程图如图1.1所示。

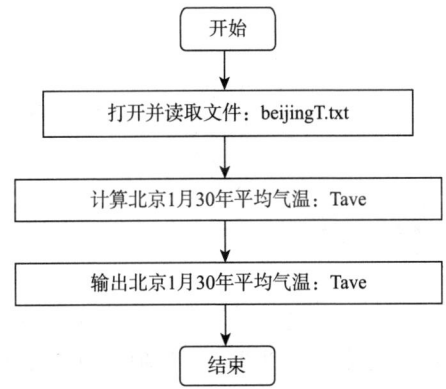

图1.1 计算北京1951—1980年1月平均气温程序流程图

---

① 本书所用的实验实习数据可以从以下网址获得：
(1)GrADS官网,ftp://grads.iges.org/grads/sprite/tutorial；
(2)气象出版社,http://www.qxcbs.com/ebook/qxcxsjyht/mdata.html。

## 1.2.3　程序编写

```
Program main
integer,parameter:: n=30
real Tave,sum,temp(n)
!＊＊＊＊＊＊＊读取原始资料＊＊＊＊＊＊＊＊＊＊＊
open(1,file='G:\chap1\data\beijingT.txt',form='formatted')
do i=1,n
    read(1,*)temp(i)
end do
close(1)
open(2,file='G:\chap1\data\Tave.dat',form='formatted')
sum=0.0
do i=1,n
sum=sum+temp(i)
end do
Tave=sum/n
write(2,*)Tave
close(2)
end
```

## 1.2.4　实验实习要求

(1)创建新工作空间 test1,工作空间文件夹创建在 D 盘上。

(2)在工作空间 test1 内创建新项目 xml,项目文件夹创建在工作空间文件夹内。

(3)在项目 xml 内创建源程序文件 test1.f90,文件创建在项目文件夹内,编辑输入给定的源程序文本,在前三行"???"处输入班级、姓名、日期信息(以后要求相同)。

(4)在项目 xml 内创建辅助文档文件 miaoshu1.txt,文件创建在项目文件文件夹内,在文件中编辑输入问题描述文本。

# 第1章 气象程序设计与绘图软件安装与运行

（5）在项目 xml 内创建辅助文档文件 suanfa1.doc，文件创建在项目文件夹内，在文件中编辑绘制图 1.1 所示的程序流程图。

（6）编译源程序 test1.f90，构建可执行程序 xml.exe，运行可执行程序 xml.exe。

（7）将输入数据和输出结果以注释形式编辑输入到源程序末尾。

## 1.2.5 实验实习步骤

（1）启动软件开发环境 Compaq Visual FORTRAN 6.6。

①Compaq Visual FORTRAN 6.6 系统安装后，在桌面创建一个 Developer Studio 图标（▩），在"开始"→"程序"菜单中创建 Compaq Visual FORTRAN 子菜单项，通过桌面图标或"开始"菜单可快速启动 Microsoft Developer Studio。

②双击桌面 Developer Studio 图标（▩）。

③或单击"开始"→"程序"→ Compaq Visual FORTRAN→Developer Studio 菜单项。弹出 Compaq Visual FORTRAN 6.6 软件开发环境图形主界面（图 1.2）。

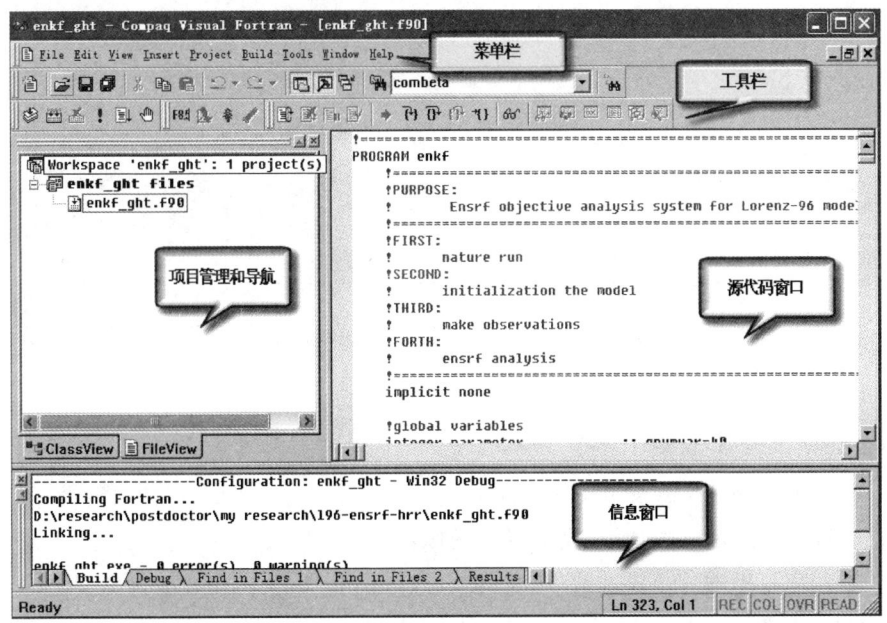

图 1.2 Compaq Visual FORTRAN 6.6 运行主界面

(2)创建新工作空间(图 1.3)。

①选择 File→New 菜单,弹出 New 对话框。

②选取 Workspaces 选项卡,完成以下操作:

◆在 Location 文本框输入"D:\"或单击右侧按钮查找指定 D 盘。

◆在 Workspace name 文本框输入工作空间名 test1。

◆单击 OK 按钮。

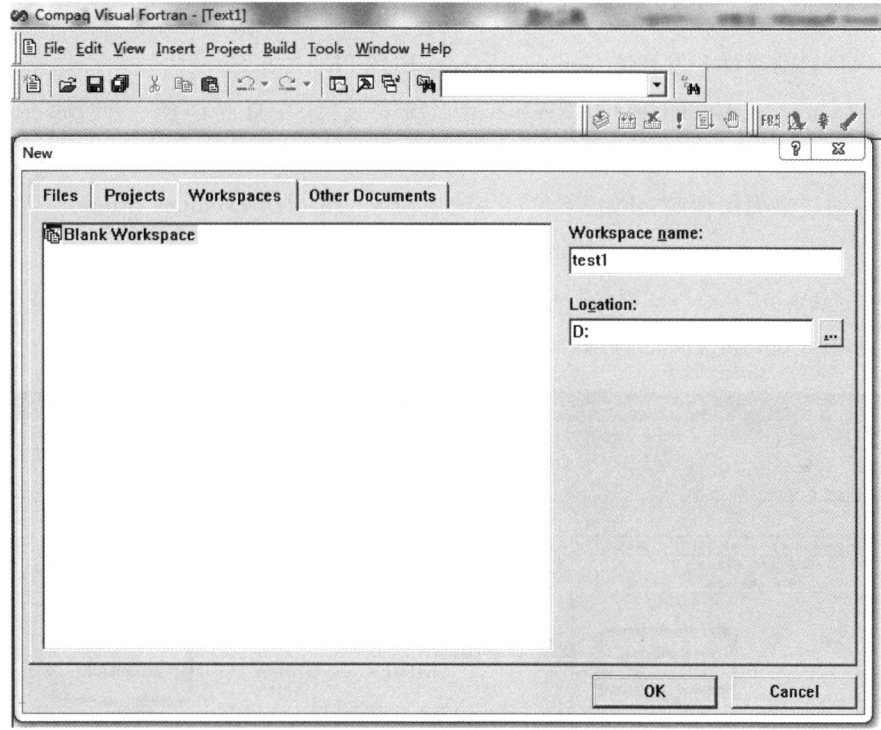

图 1.3 创建工作空间

(3)创建新项目(图 1.4)。

①单击 File→New 菜单,弹出 New 对话框。

②选取 Projects 选项卡,完成以下操作:

◆在项目类型区单击选取 FORTRAN Console Application 项目类型。

◆单击选取 Add to current workspace 项。

◆在 Project name 文本框输入项目名 xml。

## 第1章 气象程序设计与绘图软件安装与运行

◆在 Location 文本框取默认值"D:\test1\xml"。

◆单击 OK 按钮。

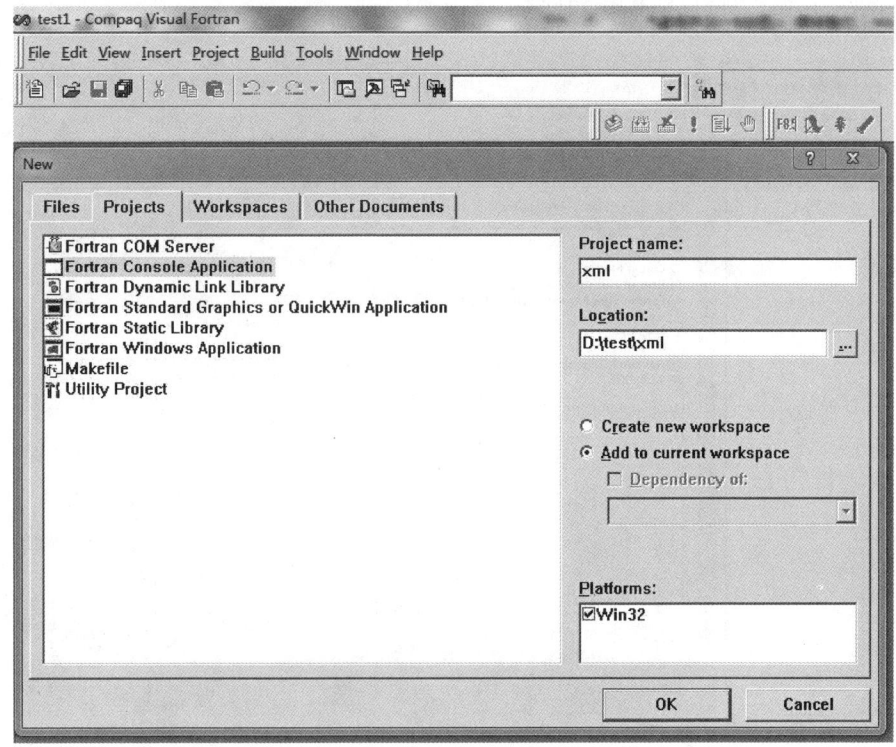

图1.4 创建项目

(4)创建源程序文件,编辑输入源程序文本(图1.5)。

源程序文件是项目中必不可少的文件。一般项目创建后,首先要创建源程序文件,及时编辑输入源程序文本。源程序文件一般选自由书写格式。

①单击 File→New 菜单,弹出 New 对话框。

②选取 File 选项卡,完成以下操作:

◆在文件类型区单击选取 FORTRAN Free Format Source File 文件类型。

◆单击选取 Add to Project 项,同时在下方列表框中选择项目 xml。

◆在 File Name 文本框输入源程序文件名 test1。

◆在 Location 文本框取默认值"D:\test1\xml"。

◆单击 OK 按钮,在右侧打开源程序文档窗口。

◆在源程序文档窗口中编辑输入给定的源程序文本,在前三行"???"处输入班级、姓名、日期信息(以后操作相同,不再提示)。

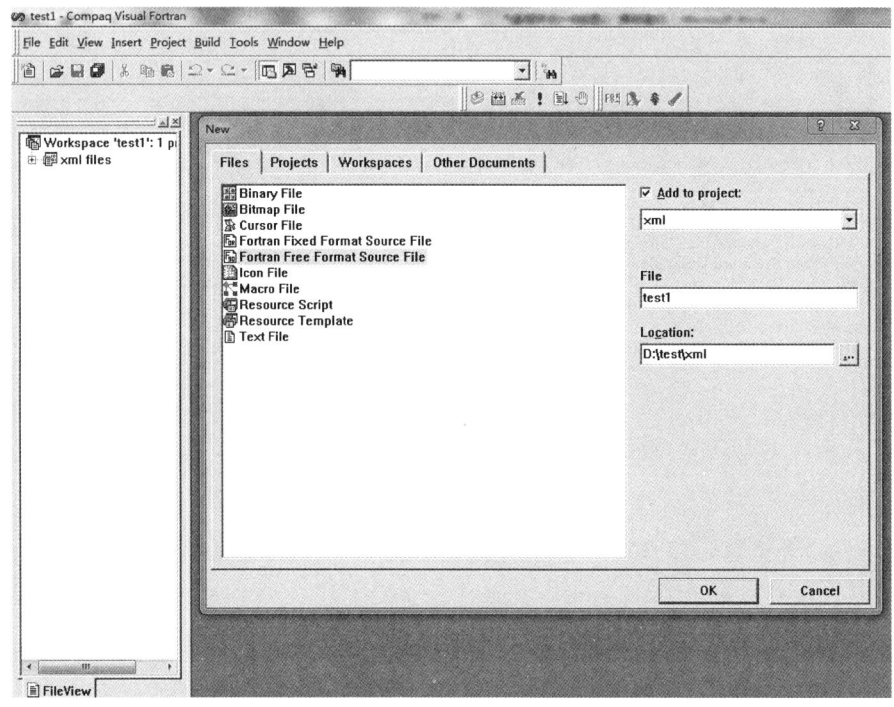

图 1.5 创建源程序

(5)创建辅助文档文件,编辑输入问题描述文本。

一个好的软件,不仅有源程序文件,而且还应有其他相关的辅助文档文件。问题描述文档文件是软件文档的重要组成部分,便于随时了解程序有关的问题描述,有助于理解程序。

①单击 File→New 菜单,弹出 New 对话框。

②选取 File 选项卡,完成以下操作:

◆在文件类型区单击选取 Text File 文件类型。

◆单击选取 Add to project 项,同时在下方列表框中选择项目 xml。

◆在 File name 文本框输入文件名 test1。

## 第1章　气象程序设计与绘图软件安装与运行

◆在 Location 文本框取默认值"D:\test1\xml"。

◆单击 OK 按钮,在右侧打开源程序文档窗口。

◆在辅助文档窗口中编辑输入给定的问题描述文本。

(6)创建辅助文档文件,绘制程序流程图。

①单击 File→New 菜单,弹出 New 对话框。

②选取 Other Document 选项卡,完成以下操作:

◆在文件类型区单击选取"Microsoft Word 文档"文件类型。

◆单击选取 Add to Project 项,同时在下方列表框中选择项 xml。

◆在 File name 文本框输入文件名 suanfa1。

◆在 Location 文本框取默认值"D:\test1\xml"。

◆单击 OK 按钮,在右侧打开源程序文档窗口,文档窗口类似于 Word 软件窗口。

◆在辅助文档窗口中绘制如图 1.1 所示的程序流程图。

(7)编译项目内源程序文件。

源程序文件是一个文本文件,它不能直接执行,必须通过编译过程将其编译转化为机器语言程序,才能在计算机上运行。

单击 Build→Compile 菜单,或单击工具栏中的编译按钮（ ）。

若源程序文本正确,则在下方 Output 窗口中显示信息"test1.obj-0 error(s),0 Warning(s)",同时在 debug 文件夹中创建中间文件 test1.obj,否则显示错误信息,需对照给定的源程序修改源程序文本,然后再进行编译,直到编译正确为止。

(8)构建可执行程序文件。

编译成功后,所生成的中间文件(obj 文件)还不能立即执行,需要通过构建生成可执行文件(exe 文件)。exe 文件是能在任何环境中运行的可执行程序。

单击 Build→Build 菜单,或单击工具栏中的构建按钮（ ）。

若源程序文本正确,则在下方 Output 窗口中显示信息"xml.obj-0 error(s),0 Warning(s)",同时在 Debug 文件夹中创建可执行文件 xml.exe,否则显示错误信息,需对照给定的源程序文件修改输入的源程序,再进行编译和构建,直到构建正确为止。

(9)运行可执行程序文件。

构建成功后,能运行生成的可执行文件(exe 文件),便可得到正确的结果。

◆单击 Build→Execute 菜单,或单击工具栏中的运行按钮(!)。

◆弹出 DOS 操作方式文本窗口,输出结果。

(10)将输出数据以注释的形式编辑输入到源程序文件末尾(每行首字符为"!")。

在左侧 Workspace 窗口中双击项目 xml 内 test1.f90 源程序文件,打开源程序文档窗口,在程序末尾以注释形式键入输出数据,或将输出数据窗口内容复制并粘贴到源程序文档中,熟练掌握复制和粘贴功能将会大大减轻输入工作量。

## 1.3 实验实习内容 2

### 1.3.1 问题描述

学习 GrADS 软件的安装、启动、退出,了解常用数据文件,利用 NCAR/NCEP 全球月平均气温资料,绘制 1958 年 1 月气温图。

### 1.3.2 实验实习要求

(1)下载并安装 GrADS 软件,了解并熟知 GrADS 文件包里的文件。
(2)学习启动、退出 GrADS 的方法。
(3)学习并掌握数据描述文件( * .ctl 文件)的书写方法。
(4)学习书写简单的 gs 文件。
(5)绘制并保存 1958 年 1 月气温图。

### 1.3.3 实验实习步骤

#### 1.3.3.1 GrADS 的安装

现以 Windows 操作系统下安装 GrADS 软件为例,介绍该软件的安装方法。

Windows 操作系统是目前 PC 机上最流行的操作系统,是从事学习、工作的重

## 第1章 气象程序设计与绘图软件安装与运行

要平台,了解在该操作系统下安装 GrADS 软件,对应用者来说有广泛必要性。本书推荐该操作系统下使用的 GrADS 版本为 Win32 superpack GrADS(Version 2.0)。安装步骤如下:

① 登录 GrADS 主页,点击页面上方"Downloads"选项,进入下载软件页面,按网络资源的提示,点击"via ftp",如图 1.6 中黑笔箭头圆圈所示处,进入 ftp 地址选择,下载其中 grads-2.0.a9.oga.1-win32_superpack.exe 软件进行安装。

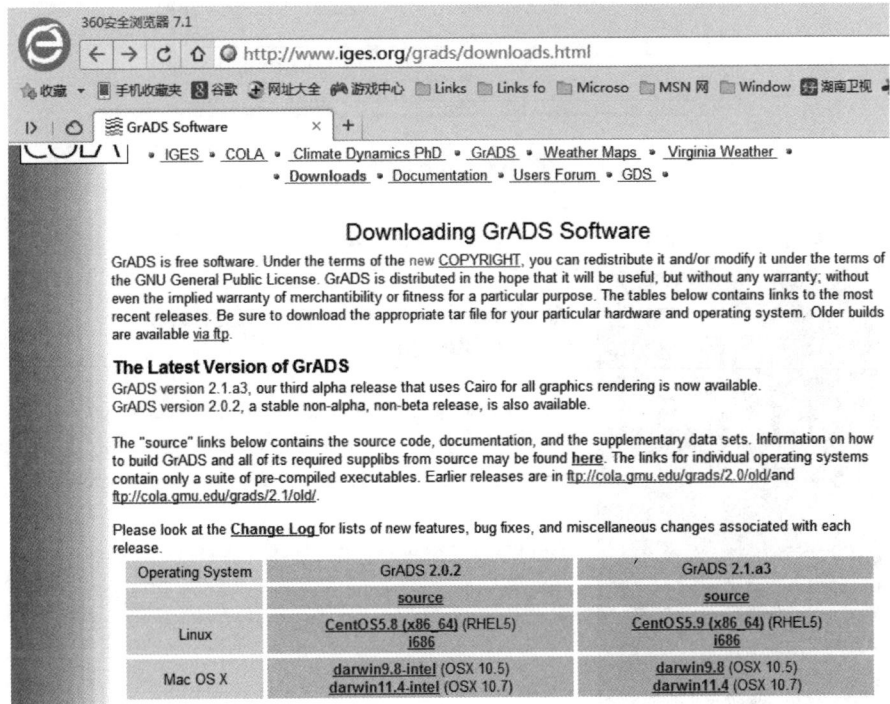

图 1.6 下载 Windows 操作系统下的 GrADS 安装文件

② 下载得到安装图标。

③ 双击安装图标,出现安装向导(图 1.7),用鼠标点击框中"Ok"按钮,进入下一个提示框(图 1.8),选择"next"按钮后进入"License Agreement"提示信息框,显示信息如图 1.9 所示,选择此框中"I Accept the agreement"按钮,出现最终要求确认安装目录的信息框(图 1.10),缺省安装路径为"C:\Program File\Open-GrADS",用户也可以根据需要选择新的安装路径,确定后用鼠标一直点击

"Next"按钮,出现提示框"Ready to Install"时,点击"Install"(图 1.11),完成软件的安装。

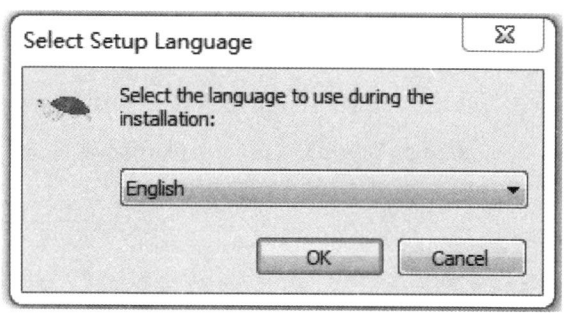

图 1.7　安装向导 1

图 1.8　安装向导 2

# 第 1 章　气象程序设计与绘图软件安装与运行

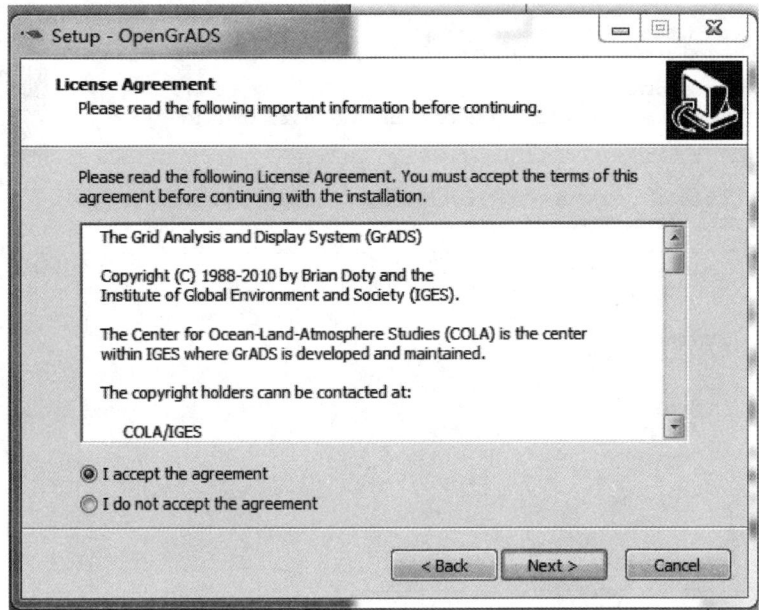

图 1.9　安装向导 3

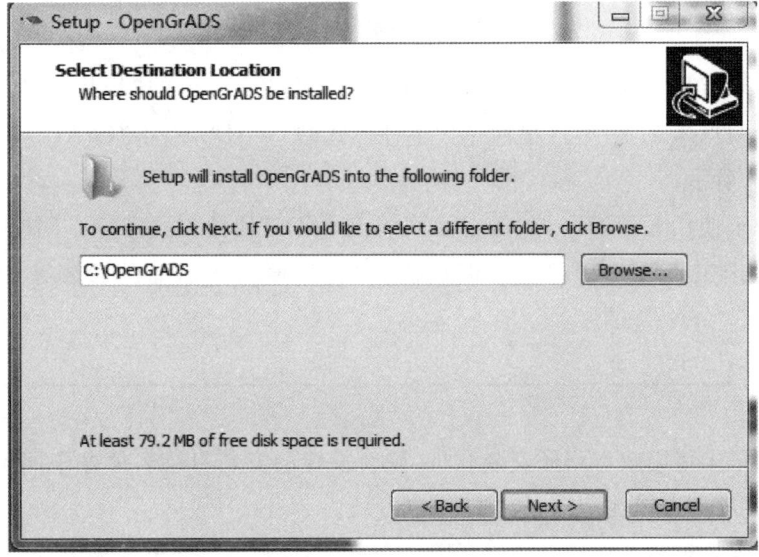

图 1.10　安装向导 4

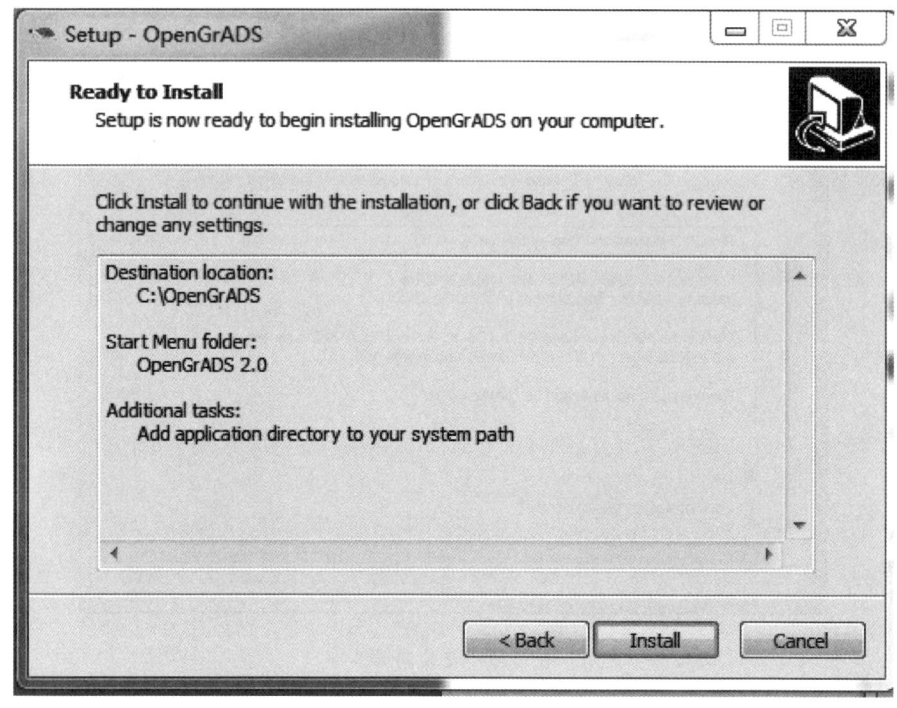

图 1.11　安装向导 5

④以缺省路径方式安装完成后,可以从"开始"菜单的"程序"选项里看到"OpenGrADS 2.0"选项,这里面包含多种模式的 GrADS,点击"GrADS Prompt",如图 1.12 所示。

⑤为了使用方便,可以点击桌面"OpenGrADS"快捷方式图标。同时,可以为另一个常用工具"gv32"创建桌面快捷方式,以便用于后面的看图及图形格式转换。

---

注意:

※如果未使用缺省路径安装软件,则新设置的安装目录名最好中间不要带空格,以便该软件可以在 DOS 状态下顺利运行。

※安装目录和工作目录最好在同一盘符下,否则可能会出现错误。

# 第 1 章 气象程序设计与绘图软件安装与运行

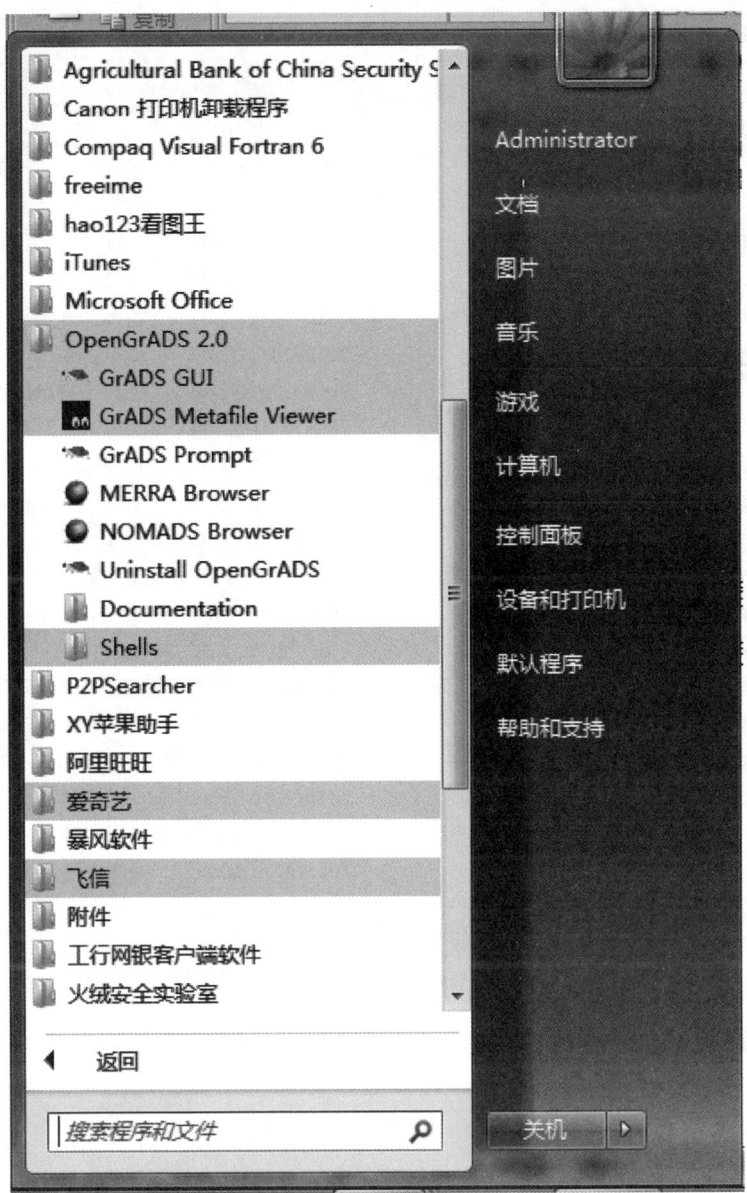

图 1.12 由"程序"菜单查看安装完成后的 GrADS 软件

另外,在启动 GrADS 软件之前,应首先了解一下"C:\Program File\Open GrADS"目录下安装的内容,如图 1.13 所示。

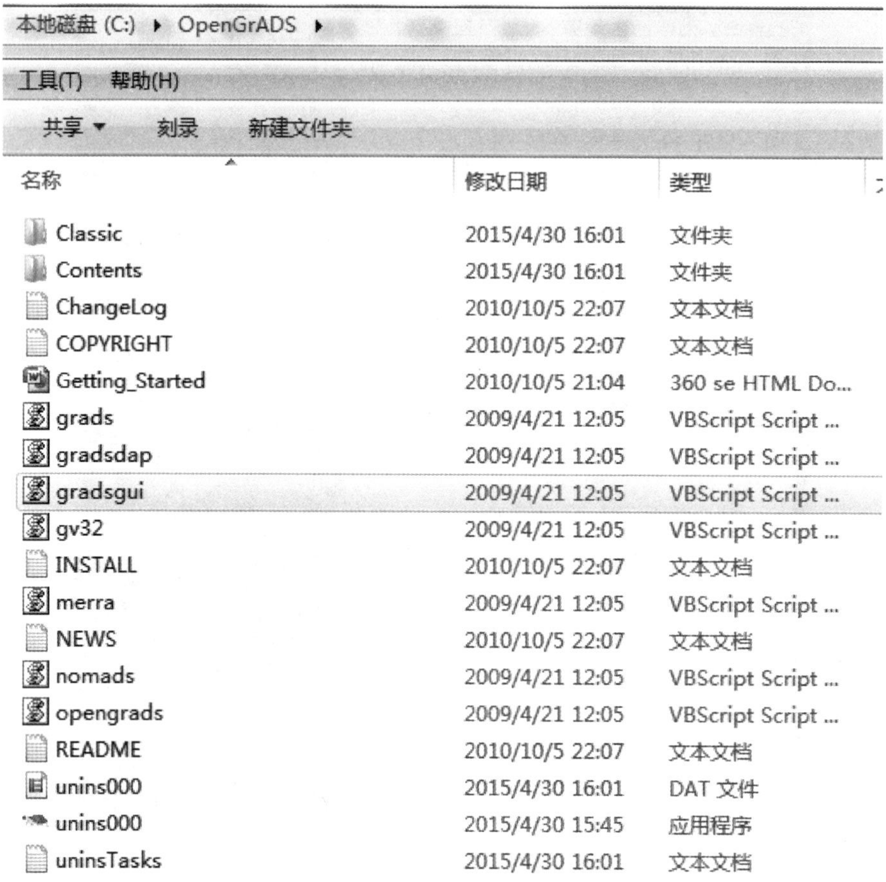

图 1.13　OpenGrADS 文件夹

#### 1.3.3.2　GrADS 的启动与退出

以 Windows 操作系统下安装的 GrADS 软件为例，介绍该软件的启动和退出方法。

(1)启动 GrADS

正确安装 GrADS 软件后，启动该软件可以通过以下两种方法：

①点击 Windows 窗口菜单"开始/程序/Win32e GrADS/Grads"打开操作窗。

②双击桌面"Grads"快捷图标打开操作窗口。

(2)GrADS 的操作界面

# 第1章 气象程序设计与绘图软件安装与运行

GrADS操作界面由两个窗口组成,一个是命令输入窗口,一个是图形输出窗口。启动GrADS软件后,首先弹出的是命令输入窗口,在窗口中开头显示的是GrADS系统的一般信息,如图1.14所示。

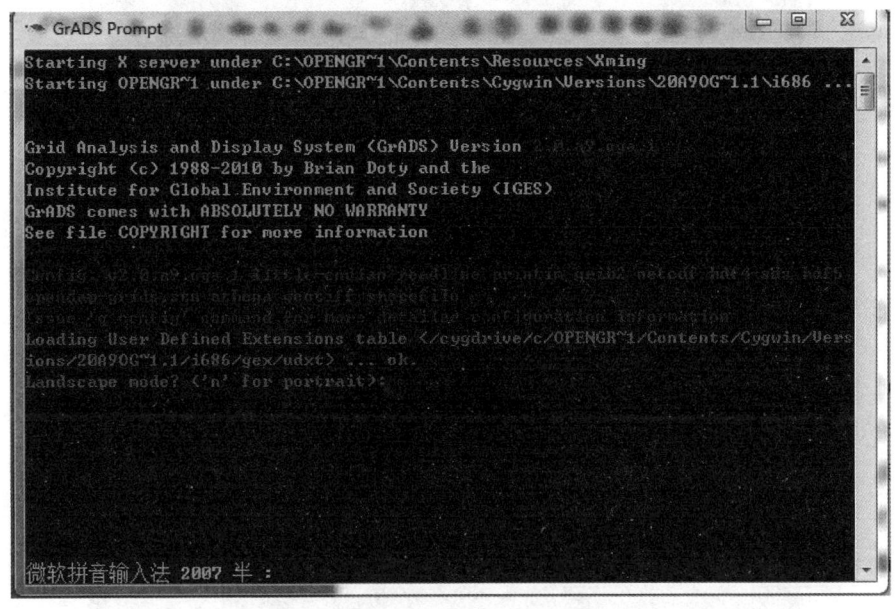

图1.14 命令输入窗口中的初始信息

最底行显示信息为:Landscape mode？(no for portrait)：_ ,提示用户采用"Landscape"模式(11英寸①×8.5英寸风景画形式)或者"Portrait"模式(8.5英寸×11英寸肖像画形式)显示图形输出窗口,即选择横放或者竖放图形窗口。输入"L"回车或者直接按回车键是"Landscape"模式,即横放图形输出窗口;输入"n"回车就是用"Portrait"模式,即竖放图形输出窗口。

选择完成就进入了GrADS的命令交互模式,形式如:ga->_ ,光标闪动处即等待用户输入命令。同时弹出另一个窗口,即为所选择的图形输出窗口,如图1.15所示。

所谓命令交互模式,就是在GrADS的命令提示符下,一步步输入各种GrADS命令以便对数据进行操作,并产生所需要的图形。图1.16为示范命令及相应图形的显示。

---

① 1英寸=2.54 cm。

图 1.15　Windows 环境中的 GrADS 操作界面

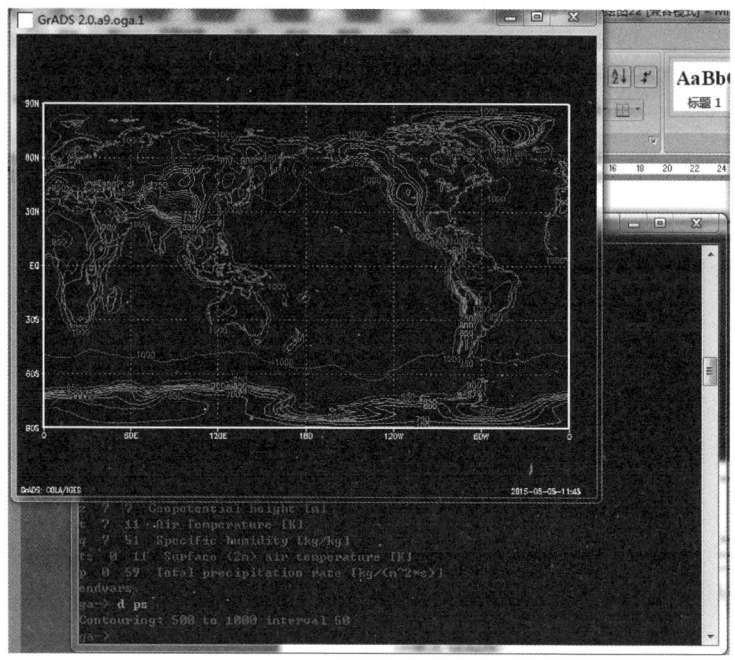

图 1.16　范例演示

## 第1章 气象程序设计与绘图软件安装与运行

(3)退出 GrADS

在确保 GrADS 操作界面中的信息无用或者所需信息已经得到正确保存后,可以通过以下两种方法退出 GrADS 系统:

①点击命令输入窗口中标题栏上的"关闭"按钮退出 GrADS 系统。

②在命令输入窗口的提示符 ga-> 后输入命令"quit"即可退出 GrADS 系统。

上述两种方法都可以结束 GrADS 系统的运行,同时关闭命令输入窗口和图形输出窗口。

#### 1.3.3.3　GrADS 使用流程

在学习 GrADS 具体使用方法之前,首先了解一下 GrADS 的基本使用流程,以便后面的学习中条理清楚,应用中步骤有序。

通过前面的介绍,我们已经知道 GrADS 是对数据进行分析、处理和显示的软件,所以在使用该软件进行绘图时,必须有相应的数据文件,并且这些数据必须满足 GrADS 所要求的数据格式,否则就要进行数据处理;另外,GrADS 并不是直接使用这些数据文件进行操作,而是通过一个对应的"数据描述文件"间接使用数据文件;对数据的处理与显示是通过 GrADS 系统提供的命令完成的;操作完成后,可以在图形输出窗口观察所绘图形,并将图形保存和输出。具体使用流程如下:

(1)数据处理

使用 GrADS 软件之前的第一步是检查数据文件的数据格式是否符合要求,如果数据格式是 GrADS 系统能够处理的格式,则无须对数据文件进行处理,否则应该进行数据转换。例如,气象业务中使用的很多数据资料常常以十进制形式存放,而 GrADS 不能识别这种数据格式,所以使用前必须转换数据文件的数据格式。一般通过用 Power Station 或 Visual FORTRAN 等软件编程转换。

(2)建立数据描述文件

数据描述文件是对数据文件的说明,GrADS 软件不直接使用"数据文件",而是通过"数据描述文件"间接使用"数据文件"。所以,除了某些特殊格式的数据文件(如 NetCDF 码数据)外,一般所使用的数据文件都要为其建立一个对应的数据描述文件。数据描述文件可以用文本编辑器编辑,如"写字板",保存时一般将文件的后缀名定为".ctl"。

例如,NCAR/NCEP 全球月平均气温资料的数据描述文件"air.ctl"如下:

```
dset D:\chap1\data\air.mon.mean.nc
tilte Monthly Mean Air Temperature NCEP Reanalysis
undef －9.96921e＋36
dtype netcdf
xdef 144 linear 0 2.5
ydef 73 lineear －90 2.5
zdef 1 linear 0 1
tdef 769 linear 00Z01JAN1948 1mo
vars 1
air＝＞air 0 t,y , x Monthly Mean Air Temperature
end vars
```

(3)输入 GrADS 命令或者建立批处理文件完成绘图

用户在启动 GrADS 后,可以通过在命令输入窗口直接输入一系列 GrADS 命令进行操作。这种方式对于所用命令较少的基本绘图是方便实用的,但是当需要大量命令进行精致绘图时,这种直接输入命令的方式就显得不利了,因为在 GrADS 系统中有些命令设定后,如果不再重新设置,是永久有效的,而有些命令只是一次有效,如果用户对初次绘图的效果不满意,要增加一些命令修改绘制时,按照这样的基本方法会输入很多重复命令,因此效率很低。建立批处理文件,以便可以自动执行输入的各项命令,这样需要调整时只要在批处理文件中稍加改动即可。批处理文件也是用文本编辑器编辑,存档时根据类型的不同其文件名的后缀可以为".exc"或者".gs"。

例如,绘制 1958 年 1 月气温图的"air1958.gs"如下:

```
'sdfopen G:\jiaocai\chap1\data\air.mon.mean.nc'
'set t 121'
'd air'
;
```

(4)看图,存图

启动 GrADS 后,会打开两个窗口,一个有提示符的窗口用于输入命令,另一个窗口显示图形。用户在图形输出窗口观察图形,如果对所绘制的图形满意,即可以

第 1 章　气象程序设计与绘图软件安装与运行

在退出 GrADS 系统前,输入存图命令,将图形保存,保存类型可以为 gmf、png、gif 等多种格式。

例如,在命令窗口输入"run D:\chap1\air.gs",即可在显示窗口看到 1958 年 1 月北半球气温图。

本节作为 GrADS 软件的入门基础,主要介绍了该软件的功能和优点,资源获取方法,软件的安装和启动,与软件相关的常用文件类型以及使用软件的基本流程。

# 第2章 基于结构化程序设计方法的气象要素的处理

通常情况下,程序是按顺序一条一条地执行各语句,这种方式称为"顺序执行",即"顺序结构"。但是,有些处理过程需要根据条件选择处理方式,需要运用选择结构,"选择结构"是根据不同的条件执行不同的语句或者语句体;可分为:单分支、二分支和多分支结构。实际运用中,往往会碰到某些处理的重复执行,比如要统计日降水量,需要不断地将每小时降水量统计相加,重复地执行语句或者语句体,达到重复执行一类操作的目的,即"循环结构",常见有:计数型循环、当型循环、直到型循环。研究证明,任何单入口和单出口的没有"死循环"的程序都能由顺序结构、选择结构和循环结构三种最基本的控制结构构造出来。

结构化程序设计的方法,要求程序设计者按照一定的结构形式来设计和编写程序,而不能随心所欲。用这种方法设计编写出来的程序结构清晰,容易阅读和理解,且便于检查、修改、验证和维护。

程序的三种基本结构表示如下:

顺序结构:处理框 B 中代码必须在处理框 A 中的代码执行完后,方可执行(图2.1)。

选择结构:先对判断框 P 中条件进行判断,后根据判断值的真假,选择相应的处理框执行。如单分支和两分支情形(图2.2)。

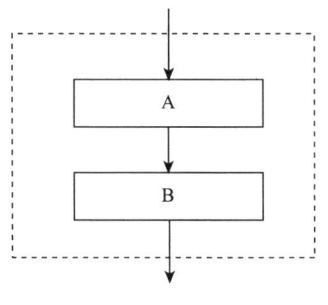

图 2.1 顺序结构

# 第2章 基于结构化程序设计方法的气象要素的处理

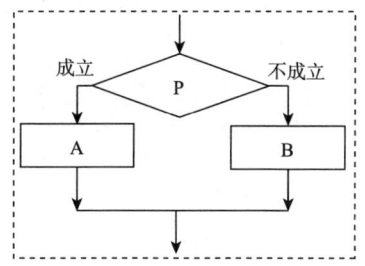
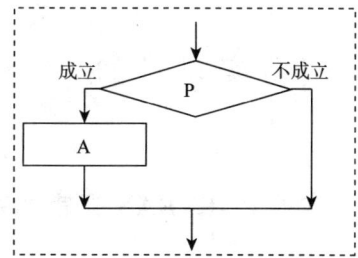

图 2.2 选择结构

循环结构:常分两种情形,一类是先判断条件后执行循环体;另一类是先执行循环体后判断条件。两者区别在:前者会出现循环体一次都不执行,后者至少执行一次(图 2.3)。

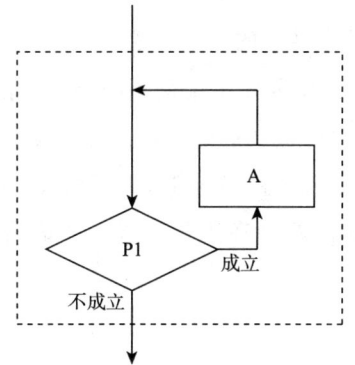
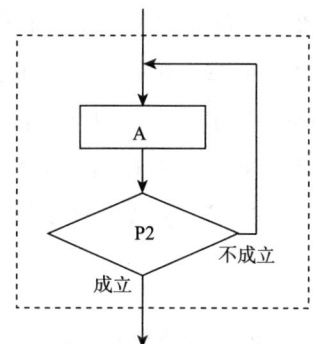

图 2.3 循环结构

从三种基本结构的流程图来看,其具有如下的共同特点:①只有一个入口;②只有一个出口;③结构内的每一部分都有机会被执行到;④结构内不存在"死循环"。

本章通过对气象要素的简单处理,学习并掌握 FORTRAN90 的三种基本结构及表控和可控输入输出语句的使用方法。

## 2.1 实验实习目的

### 2.1.1 掌握 FORTRAN 语言的基础知识

(1)掌握 FORTRAN 语言的书写流程,调试步骤。

(2)掌握 FORTRAN 语言中常量、变量的定义与赋值方法。

(3)掌握 FORTRAN 语言运算符与表达式的使用方法。

### 2.1.2 掌握结构化程序设计的三种基本结构

(1)熟悉 FORTRAN 的运行环境,掌握顺序结构的流程图绘制及编程方法。

(2)理解并掌握选择结构中单分支、双分支和多分支流程图的绘制,练习并掌握 IF 语句、SELECT CASE 语句以及选择语句的嵌套的语句表达方法及应用。

(3)理解并掌握循环结构中当型和直到型流程图的绘制,练习并掌握 DO 语句、DO WHILE 语句、无循环变量的 DO 语句以及循环语句的嵌套的语句表达方法及应用。

### 2.1.3 掌握输入输出语句的使用方法

(1)练习并掌握表控输入、输出语句的使用方法。

(2)练习并掌握可控格式输入、输出语句的使用方法。

## 2.2 实验实习内容

### 2.2.1 问题描述

(1)已知 $U$、$V$ 风速,根据图 2.4 判断风向。其中 $U$、$V$ 风速由键盘输入。

(2)循环输入一周日最高气温,判断最高气温,并计算一周平均最高气温。其

# 第 2 章 基于结构化程序设计方法的气象要素的处理

中,2014 年 3 月 23 日—29 日南京日最高气温如下:16.0、17.0、17.0、18.0、16.0、22.0、24.0(单位:℃)。

### 2.2.2 问题分析

**问题(1)**

已知:从键盘手动输入的 U、V 风速值,根据图 2.4 判断风向。

结果:在屏幕上显示风向。

通过分析,首先从键盘读入 U、V 风速数据,书写选择结构语句,判断风向并将结果输出到屏幕。

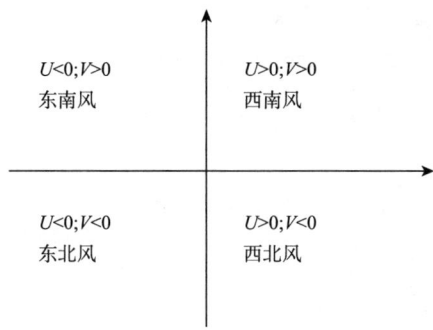

图 2.4 风类型判断示意

**问题(2)**

已知:从屏幕输入的 2014 年 3 月 23 日—29 日南京日最高气温如下:16.0、17.0、17.0、18.0、16.0、22.0、24.0(单位:℃)。

结果:在屏幕上输出一周内最高气温和平均气温。

通过分析,该问题利用循环结构从屏幕输入 2014 年 3 月 23 日—29 日南京日最高气温,同时完成平均气温的计算,并且利用选择结构判断最高气温,将结果输出到屏幕上。

## 2.3 实验实习要求

(1)分析问题,理解所给出的问题,理清实习的先后顺序。

(2)用 FORTRAN 定义变量,为某些变量赋初值。

(3)利用表控和可控输入输出语句(read、print 和 write)多种方式完成数据的输入输出。

(4)利用选择结构和循环结构完成 wind.f90 和 temp.f90 的编写。

## 2.4　实验实习步骤

(1)分析问题,理清算法,设计程序流程图并编写程序。

(2)启动软件开发环境 Microsoft Developer Studio。

(3)在 D 盘上创建新工作区 shixi02。

(4)在工作区 shixi2 内创建新项目 shixi02。

(5)在项目 shixi21 内创建源程序文件"wind.f90"和"temp.f90",编辑输入源程序文本。

(6)编译、构建、运行、调试 FORTRAN 程序。

## 2.5　实验实习程序编写

### 2.5.1　问题 1

Program wind

!定义 U、V 变量

_____ u,v

!从键盘读入 U、V 变量

_____ , u,v

if(u>0.0) then

!u>0,v>0,书写判断条件

_____ then

print *,'西南风'

# 第2章 基于结构化程序设计方法的气象要素的处理

！u>0,v<0,书写判断条件
  _____ then
   print *,'西北风'
　！u>0,v=0
　else
　 print *,'西风'
　end if
else if (u<0.0) then
！u<0,v>0
if (v>0.0) then
　print *,'东南风'
　！u<0, v<0
else if (v<0.0) then
　print *,'东北风'
　！u<0,v=0
else
　print *,'东风'
end if
else
！u=0,v>0
if (v>0.0) then
　print *,'南风'
！u=0, v<0,书写判断条件
  _____ then
　print *,'北风'
！ u=0,v=0
　else
！书写输出语句
  _____ ,'无风'

end if

end if

end

## 2.5.2 问题 2

Program temp

!定义变量,t 为气温、tmax 为气温最高值、sum 为气温和、tave 为平均气温

_____ t,tmax,sum,tave

tmax＝0.0

sum＝0.0

!设计循环结构

do i＝1,7

!读入日气温数据

_____, t

!求气温和

_____

!输入判断最高气温条件

if (_____) then

tmax＝t

end if

!循环结束语句

_____

tave＝sum/7.0

print ＊,'tmax＝', tmax

print ＊,'tave＝', tave

end

# 第2章 基于结构化程序设计方法的气象要素的处理

## 2.6 实例学习

**例1** 请求出 $1°\times1°$ 均匀经纬度网格上,不同纬线上位置相邻格点的实际球面距离。其中,$\mathrm{d}x\approx\Delta x=R\mathrm{d}y=a\cos\varphi_i\Delta\lambda$,$\mathrm{d}y\approx\Delta y=\Delta\varphi$,$a=6371$ km(地球半径),$f=2\Omega\sin\varphi$,$\Delta\lambda,\Delta\varphi$ 为经纬度网格对应的格距(图2.5)。

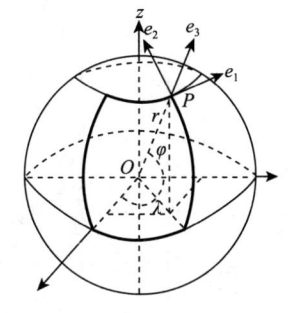

图2.5 球面距离计算示意图

```
Program ex02_1
implicit none
integer i
real::r=6371, pi=3.14159, delta, dx
delta=pi/180
!i代表纬度
do i=-90,90
dx=r*cos(i*delta)*(1.0*delta)
!南半球
if(i<0) then
print  *, i*-1, 'S:', dx, 'km'
!赤道
else if(i==0) then
print  *,'Equator:', dx, 'km'
!北半球
else if(i>0) then
print  *, i, 'N:', dx, 'km'
end if
end do
end
```

**例 2** 假设降水资料的存放路径有规律地存放(图 2.6),请利用循环,将 1979 年 1 月—1990 年 12 月的资料路径,依次输出至屏幕上(图 2.7)。

```
e:\data\1979\1\precip
e:\data\1979\2\precip
e:\data\1979\3\precip
e:\data\1979\4\precip
e:\data\1979\5\precip
e:\data\1979\6\precip
e:\data\1979\7\precip
e:\data\1979\8\precip
e:\data\1979\9\precip
e:\data\1979\10\precip
e:\data\1979\11\precip
e:\data\1979\12\precip
e:\data\1980\1\precip
e:\data\1980\2\precip
e:\data\1980\3\precip
e:\data\1980\4\precip
e:\data\1980\5\precip
e:\data\1980\6\precip
e:\data\1980\7\precip
e:\data\1980\8\precip
e:\data\1980\9\precip
e:\data\1980\10\precip
e:\data\1980\11\precip
e:\data\1980\12\precip
......
```

图 2.6 降水资料存放路径

```
e:\data\1989\4\precip
e:\data\1989\5\precip
e:\data\1989\6\precip
e:\data\1989\7\precip
e:\data\1989\8\precip
e:\data\1989\9\precip
e:\data\1989\10\precip
e:\data\1989\11\precip
e:\data\1989\12\precip
e:\data\1990\1\precip
e:\data\1990\2\precip
e:\data\1990\3\precip
e:\data\1990\4\precip
e:\data\1990\5\precip
e:\data\1990\6\precip
e:\data\1990\7\precip
e:\data\1990\8\precip
e:\data\1990\9\precip
e:\data\1990\10\precip
e:\data\1990\11\precip
e:\data\1990\12\precip
Press any key to continue
```

图 2.7 程序运行结果

**注意:**

※如何将年文件夹名称表示出来?

※如何将长度有变化的月文件夹名称表示出来?

※如何将年、月两个文件夹名称合并至整个文件路径中?

程序如下:

```
Program ex02_2
implicit none
integer iy,im
character year * 4, mo * 2
character dir * 100
```

## 第2章 基于结构化程序设计方法的气象要素的处理

```
!dir 变量由于其有效长度是变化的,故定义一个足够长的字符串
do iy=1979,1990
write(year(1:4),'(i4)') iy
mo=' '
!此处为情况保留值,将 mo 赋值为 2 个或者 1 个空格均可以
 do im=1,12
    if(im<10) then
    write(mo(1:1),'(i1)') im
    else
    write(mo(1:2),'(i2)') im
    end if
dir='e:\data\'//trim(year)//'\'//trim(mo)//'\precip'
print *, trim(dir)
end do
end do
end
```

# 第 3 章　基于子程序调用的气象要素的处理

在程序设计中,常会遇到某些程序段需多次重复使用,为此,将这些需要重复使用的程序段单独编制成子程序,该子程序用以实现某些特定功能(例如:计算平均值、计算方差、计算物理量等)并可供其他程序单元多次调用,以处理不同的数据。

FORTRAN 的应用程序一般由一个主程序和若干个子程序组成。主程序或子程序分别是一个独立的程序单元。主程序单元为 FORTRAN 应用程序提供程序执行的入口。FORTRAN 应用程序必须有一个且只能有一个主程序单元。主程序单元可以调用子程序单元,各程序单元之间也可互相调用。调用子程序的程序单元称为调用程序单元,被调用的子程序单元称为被调用程序单元。

FORTRAN 的子程序单元有函数子程序、子例行程序和数据块子程序。函数子程序单元用以计算一个值。子例行程序单元不仅可以计算一个或一批值,还可进行某些非数值计算。数据块子程序单元用以给公用区中的数据赋初值。

本章实习中"子程序"均为外部函数子程序和子例行程序,通过水汽压物理量的计算,掌握子程序的循环调用,掌握两种子程序的使用方法。其中,

（1）外部函数子程序的定义

定义形式：

　　　　［类型说明］　FUNCTION　函数名（［虚参表］）
　　　　说明语句

# 第 3 章 基于子程序调用的气象要素的处理

     执行语句

     [CONTAINS

     内部子程序]

   END　[FUNCTION　[函数名]]

函数子程序的调用形式：

     函数名(实参表)

或者：

     函数名( )

(2)外部子例行程序的定义

定义形式：

    SUBROUTINE　子例行程序名([虚参表])

     说明语句

     执行语句

     [CONTAINS

     内部子程序]

子例行程序的调用形式：

     CALL　子例行程序名(实参表)

或者：    CALL　子例行程序名

## 3.1　实验实习目的

(1)掌握 FORTRAN 语言子程序的相关概念。

(2)掌握 FORTRAN 语言中外部函数子程序和子例行子程序两种子程序的定义与调用方法。

(3)掌握 FORTRAN 语言子程序中实参和虚参之间的数据传递。

(4)巩固循环语句的使用,实现对子程序的循环调用。

## 3.2 实验实习内容

### 3.2.1 问题描述

已知有区域(25°—50°N,100°—140°E),水平分辨率为5纬度×10经度的露点温度(℃)(图3.1),请利用公式(3.1),计算各个格点的水汽压值(hPa)。

$$e = 6.11 \times 10^{\left(\frac{7.5 \times t_d}{237.3+t_d}\right)} \tag{3.1}$$

式中$e$为水汽压;$t_d$为露点温度。

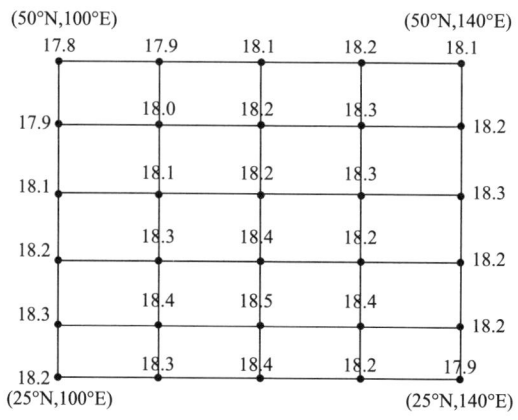

图 3.1 区域露点温度资料

### 3.2.2 问题分析

已知:区域(25°—50°N,100°—140°E)的露点温度和水汽压的计算公式。
结果:求该区域的水汽压值并在屏幕上显示。
通过分析,首先可用以下FORTRAN语句对资料进行输入,
    data td/17.8,17.9,18.1,18.2,18.3,18.2, &
      17.9,18.0,18.1,18.3,18.4,18.3, &
      18.1,18.2,18.2,18.4,18.5,18.4, &
      18.2,18.3,18.3,18.2,18.4,18.2, &

# 第 3 章  基于子程序调用的气象要素的处理

18.1,18.2,18.3,18.2,18.2,17.9/

因区域(25°—50°N,100°—140°E)中每个格点通过露点温度求解水汽压的方法均为公式(3.1),可将求水汽压的方法编写为一个外部函数子程序或者子例行子程序,循环调用该子程序计算多个格点的水汽压。

## 3.3  实验实习要求

(1)分析问题,理解所给出的问题,绘制实习的程序流程图。
(2)完成 FORTRAN 变量定义。
(3)掌握使用 data 赋初值的方法。
(4)利用外部函数子程序和子例行子程序两种方式实现子函数的定义。
(5)利用循环结构对子函数进行调用。

## 3.4  实验实习步骤

(1)分析问题,理清算法和程序,设计程序流程图并编写程序。
(2)启动软件开发环境 Microsoft Developer Studio。
(3)在 D 盘上创建新工作区 shixi03。
(4)在工作区 shixi3 内创建新项目 shixi03。
(5)在项目 shixi03 内创建源程序文件"wp.f90",编辑输入源程序文本。
(6)编译、构建、运行、调试 FORTRAN 程序。

## 3.5  实验实习程序编写

```
Program wp
implicit none
real td(6,5),wp(6,5),water_pres
integer i,j
```

!data 赋值语句书写

_____

_____

!设置双重循环实现各格点水汽压的计算

do _____

do _____

!子函数的调用

_____

end do

end do

do i=1,6

print 100, (wp(i,j),j=1,5)

end do

100 format(5f9.4)

end

!子函数的定义

_____

implicit none

!定义变量

_____

!书写水汽压的计算公式

_____

end

# 3.6 实例学习

**例1** 已知上海、南京、武汉三地的气温,编制外部函数子程序计算三地的平均气温。

# 第 3 章　基于子程序调用的气象要素的处理

```
Program ex03-1
 implicit none
!申明外部函数子程序,可以省略
 external average
 real a,b,c,average
 read *, a,b,c
!average(a,b,c)中 a,b,c 为实参
 print *,"三地平均气温:",average(a,b,c)
 end program
!外部函数子程序 area
!average(x,y,z)中 x,y,z 为虚参
 Function average(x,y,z)
 implicit none
!申明返回函数数值类型
 real x,y,z,average
 average=(x+y+z)/3
 end function average
```

**例 2**　已知上海、南京、武汉三地的气温,编制外部子例行程序计算三地的平均气温。

```
Program ex03-2
 implicit none
!申明外部子例行程序,可以省略
 external average
 real a,b,c,average
 read *, a,b,c
!调用子函数 average(a,b,c,ave),其中 a,b,c,ave 为实参
 call average(a,b,c,ave)
 print *,"三地平均气温:",ave
 end program
```

!外部函数子程序 average

!average(x,y,z,ave)中 x,y,z,ave 为虚参

Subroutine　average(x,y,z,ave)

implicit none

!申明返回函数数值类型

real x,y,z,ave

ave＝(x＋y＋z)/3

end subroutine average

**例 3**　已知上海、南京、武汉三地的气温,编制内部函数子程序计算三地的平均气温。

Program ex03-3

implicit none

!申明外部子例行程序,可以省略

external average

real a,b,c,average

read ＊, a,b,c

print ＊,"三地平均气温：",average(a,b,c)

contains

!内部子例行程序 average

Function　average(x,y,z)

implicit none

!申明数据类型

real x,y,z,ave

average＝(x＋y＋z)/3

end function average

end program

# 第4章 蒙古高压特征分析

文件是程序设计中一个非常重要的概念,它是一组相关信息的集合,主要用于存储程序、数据以及各种文档等。前面介绍的 FORTRAN 程序中数据一般都是从键盘输入,处理结果由显示器或打印机输出。这种方法对于需要输入输出数据较少的情况是可行的,但如果数据很多就会很不方便。使用文件就会很好地解决这个问题,并且还可以利用文件保存计算的中间结果。

FORTRAN 中的文件按照存储在外部设备(如磁盘等)上还是存储在程序可访问的内存中而分为以下两种:外部文件和内部文件。内部文件和外部文件的应用如图 4.1 所示。

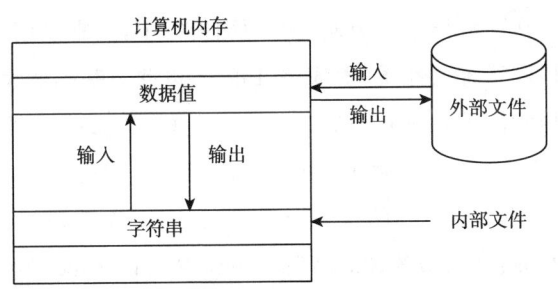

图 4.1 内部文件和外部文件

外部文件通常存储在外部设备上,如磁带、磁盘或计算机终端。操作系统是以文件为单位对数据进行管理的,如果想找在外部介质上的数据,必须先按文件名找到所指定的文件,然后再从该文件中读取数据。要向外部介质上存储数据也必须先建立一个文件(以文件名标识),才能向它输出数据。文件标识指出了文件所在的设备、位置、名字和类型。例如:D:\FORTRAN\h-p.dat,其中,"D:\FORTRAN\"是文件的路径,表示文件在D磁盘上的FORTRAN文件夹中,如果不指定设备名和路径,则文件保存在当前设备和文件夹中;"h-p"是文件的名字,唯一标识该文件;".dat"是文件的扩展名,表示文件的类型。

内部文件以字符变量值的形式存储在计算机内存中。字符值可以用所有字符赋值的常用方法生成,也可以将变量作为一个内部文件,通过输出语句生成。如果变量是一个简单变量,文件只有一个记录;如果变量是一个数组,对应于数组的每个元素,文件有一个记录。记录长度为字符变量声明或假设的字符个数。内部文件只允许有格式的顺序存取。内部文件不能长期保存数据,程序运行过程中存在,一旦程序结束就消失了,一般用于少量的二进制数值数据与字符型数据相互转换,以及字符串的合并和截取。用户很少使用内部文件。

大气活动中心是大气运动的大型高、低气压系统,是大气环流的重要组成部分,其位置和强弱反映广大地区大气环流的特点,其变化决定着冷、暖气流和天气、气候的特点。

定量研究是确定事物某方面量的规定性的科学研究,就是将问题与现象用数量来表示,通过对研究对象的特征按某种标准化量的比较来测定对象特征数值,或求出某些因素间的量的变化规律,进而去分析、考验、解释,从而获得有意义结果的研究方法和过程。在环流异常与短期气候预测研究中,经常采用环流指数来简洁、定量地描述重要环流系统的性质(章基嘉,1994),以此为基础对大气活动中心变化规律及其与气候异常的关系进行研究。王盘兴等(2007;2010)提出了一种闭合气压系统环流指数(它包括面积、强度、中心位置(经度、纬度))的定义和计算方法。它对所有闭合气压系统是统一的。大量计算和分析(陈延聪等,2009;麻巨慧等,2009;管树轩等,2009;刘晴晴等,2011;Pangxing Wang et al.,2012;任律等,2011;孙晓娟等,2010;孙晓娟等,2011)表明,该方法在高空闭合气压系统和大气活动中心气候及异常规律分析、它们与区域气候异常关系分析,以及它们的遥相关及其外强迫异常关系分析等方面,都取得了较好的分析效果。

中国位于亚洲东部,冬季主要受蒙古高压的控制,使得冬季比同纬度地区冷,夏季受南亚低压与副热带高压的影响,特别是副热带高压的进退和强度影响着中

## 第4章 蒙古高压特征分析

国各地雨季的早迟和强弱。这些活动中心的形成、进退、发展和消失每年都有所不同,是形成中国每年天气、气候有不同特点的主要原因。一年中,由于不同活动中心的交替,使中国冬夏气流方向差别显著,形成季风。大气活动中心异常直接导致气候异常。

蒙古高压(也称西伯利亚高压或亚洲高压)多发生于秋分、冬至之间,冬季位于西伯利亚、蒙古地区的大范围高气压(反气旋)中心,是典型的大陆气团。由于海陆热力性质不同,冬季时,大陆降温快,海洋降温慢。亚洲是世界最大的洲,大陆性气候明显,亚洲东部又紧邻太平洋,气流自太平洋流向欧亚大陆,在西伯利亚地区形成高压区。蒙古高压是北半球四个主要的季节性大气活动中心之一,它的存在强烈影响了亚洲东部地区,使得该地区冬季比同纬度地区更冷,与我国气候关系密切。

气象要素主要有气温、气压、风、湿度、云、降水以及各种天气现象等。气候特征是气象要素的长期平均状态,通常由气象要素某一时期的平均值来表征,为其异常及对气候影响研究奠定基础。气象要素异常特征通常通过距平、方差、均方差等物理量来进行刻画。

因此,本章基于文件,借助于蒙古高压气候及异常特征分析,利用FORTRAN计算蒙古高压强度、面积、位置指数气候及异常值,利用GrADS绘制蒙古高压强度、面积、位置指数距平的时间序列图,了解气象要素的气候及异常描述方法,掌握求解气象变量气候及异常的编程技巧,并学会利用GrADS绘制气象变量时间序列图的方法。

## 4.1 实验实习目的

(1)掌握气象要素气候及异常特征的基本研究方法。

(2)进一步巩固FORTRAN顺序结构和循环结构的程序设计方法和变量、函数、数组的使用方法,重点掌握外部文件对数据进行输入输出操作的方法。

(3)了解并掌握GrADS的使用流程。

(4)学习并掌握数据描述文件(*.ctl文件)的书写方法。

(5)学习书写简单的"*.gs"文件。

(6)掌握 GrADS 中 open、reinit、d、c、quit、q、run 等基本命令的使用方法。

(7)掌握 GrADS 维数环境设置方法。

(8)掌握 GrADS 绘制"line"、"bar"图形类型的方法,绘制 1951—2010 年蒙古高压强度异常的时间序列图。

(9)掌握保存GrADS绘制图形的一种方法,方法结构如下:

  enableprint  ＜路径＞*.gmf

   … …

  print

  disable print

# 4.2 实验实习内容

## 4.2.1 问题描述

已知 1951—2010 年 1 月蒙古高压强度、面积、位置指数序列,计算蒙古高压各指数的气候值、变率和距平,绘制蒙古高压强度、面积、位置指数距平的时间序列图,分析冬季蒙古高压的异常规律。

## 4.2.2 问题分析

已知:1951—2010 年 1 月蒙古高压强度、面积、经度、纬度指数序列资料 p.dat、s.dat、lon.dat、lat.dat。

计算:蒙古高压各指数的气候、变率和距平值。

绘制:1948—2010 年 1 月蒙古高压强度、面积、位置指数距平的时间序列图。

通过分析,根据公式(4.1)、公式(4.2),求得蒙古高压 1 月环流指数气候及异常值。根据 GrADS 中 line 和 bar 两种图形格式绘制方法,绘制蒙古高压环流指数距平的时间序列图。

第4章 蒙古高压特征分析

## 4.3 实验实习步骤

### 4.3.1 蒙古高压环流指数的气候和异常值计算

(1)分析问题,理清算法和程序,设计程序流程图并编写程序。

(2)启动软件开发环境 Microsoft Developer Studio。

(3)在 D 盘上创建新工作区 shixi04。

(4)在工作区 shixi3 内创建新项目 shixi04。

(5)在项目 shixi04 内创建源程序文件"mh.f90",编辑输入源程序文本。

(6)在源程序文本中打开数据文件"p.dat"、"s.dat"、"lon.dat"、"lat.dat",并将其值读入到相应的数组中。

(7)编写计算均值、变率和距平的子程序。

(8)调用子程序分别计算强度、面积、经度、纬度环流指数的均值、变率和距平。

(9)将蒙古高压环流指数的均值和变率写入到"mh1.dat"和"mh1.grd"两个文件中。将蒙古高压环流指数的距平值写入到"mh2.dat"和"mh2.grd"两个文件中。

(10)编译、构建、运行、调试 FORTRAN 程序。

### 4.3.2 蒙古高压环流指数距平时间序列图绘制

GrADS 是对数据进行分析、处理和显示的软件,所以在使用该软件进行绘图时,必须有相应的数据文件,并且这些数据必须满足 GrADS 所要求的数据格式,否则就要进行数据处理;另外,GrADS 并不是直接使用这些数据文件进行操作,而是通过一个对应的"数据描述文件"间接使用数据文件;对数据的处理与显示是通过 GrADS 系统提供的命令完成的;操作完成后,可以在图形输出窗口观察所绘图形,并将图形保存和输出。具体使用流程如 1.3.3.3 所述,此处不再赘述。

按 1.3.3.3 所述的使用流程,完成蒙古高压环流指数距平时间序列图绘制,需按以下步骤进行:

(1)为蒙古高压环流指数距平数据文件"mh2.grd"书写数据描述文件"mh2.ctl",在此文件中定义四个变量 p、s、lo、la。

(2)编写"mh2.gs"可执行文件,利用 GrADS 基本操作命令和 line、bar 两种绘图类型的绘图要素设置,以不同颜色和线形显示蒙古高压强度和面积距平时间序列图(曲线),分别以不同颜色显示蒙古高压经度和纬度距平时间序列图(柱状)。

(3)将蒙古高压强度和面积距平时间序列图(曲线)保存到"mhline.gmf",将蒙古高压经度和纬度距平时间序列图(柱状)分别保存到"mhlonbar.gmf"和"mhlatbar.gmf"中。

(4)启动 GrADS,调试、执行"mh2.gs"。

(5)分析蒙古高压气候及其异常特征。

## 4.4 实验实习关键技术及方法

某数据资料时间序列的距平 $x'$ 为数据资料 $x_t$ 与其平均值 $\overline{x}$ ($\overline{x} = \frac{1}{n}\sum_{t=1}^{n} x_i$) 之差

$$x' = x_t - \overline{x}, t = 1, 2, \cdots, n \tag{4.1}$$

某数据资料的变率 $\sigma$ 为其均方差,反映变量围绕平均值的平均变化程度,其计算公式为

$$\sigma = \sqrt{\frac{1}{n}\sum_{t=1}^{n}(x_i - \overline{x})^2} \tag{4.2}$$

## 4.5 实验实习程序编写

### 4.5.1 FORTRAN 程序编写

以下程序用于蒙古高压环流指数气候及异常值计算。

Program mh

## 第4章 蒙古高压特征分析

```
implicit none
integer,parameter::ny=60
```
!p(ny)、pa(ny)、pav 和 pd 分别为强度指数原序列、距平序列、均值和标准差，其他参数量类似定义
```
real
    p(ny),s(ny),lon(ny),lat(ny),pa(ny),sa(ny),lona(ny),lata(ny),pav,sav,
lonav,latav,pd,sd,lond,latd
    integer i,j,k
```
!利用 open 语句打开强度指数数据"p.dat"

_____

!利用 open 语句打开面积指数数据"s.dat"

_____

!利用 open 语句打开经度指数数据"lon.dat"

_____

!利用 open 语句打开纬度指数数据"lat.dat"

_____

!将打开数据保存到对应数组中
```
do i=1,ny
    read(1,*) _____
    read(2,*) _____
    read(3,*) _____
    read(4,*) _____
end do
close(1)
close(2)
close(3)
close(4)
```
!调用气候及异常值计算函数
```
call cha(ny,p,pa,pav,pd)
```

call cha(ny,s,sa,sav,sd)

call cha(ny,lon,lona,lonav,lond)

call cha(ny,lat,lata,latav,latd)

!将蒙古高压环流指数气候值写入到"mh1.dat"

!用 open 语句打开文件

_____

!写入 pav,pd

_____

!写入 sav,sd

_____

!写入 lonav,lond

_____

!写入 latav,latd

_____

close(5)

!将蒙古高压环流指数气候值写入到"mh1.grd"中

!用 open 语句打开"mh1.grd"文件

_____

!写入 pav,pd

_____

!写入 sav,sd

_____

!写入 lonav,lond

_____

!写入 latav,latd

_____

close(6)

!将蒙古高压环流指数距平值写入到"mh2.dat"中,要求按 pa(60)、sa(60)、lona(60)、lata(60)顺序存放

# 第4章 蒙古高压特征分析

!用 open 语句打开"mh2.dat"文件

_____

!写入 pa(60)

_____

!写入 sa(60)

_____

!写入 lona(60)

_____

!写入 lata(60)

_____

close(7)

!将蒙古高压环流指数距平值写入到"mh2.grd"中,要求利用 do 循环按 pa(i)、sa(i)、lona(i)、lata(i)顺序存放

!用 open 语句打开"mh2.dat"文件

_____

do i=1,ny

!写入 pa(i)

_____

!写入 sa(i)

_____

!写入 lona(i)

_____

!写入 lata(i)

_____

end do

close(8)

!上面两种书写数据的数据结构不同,注意区分

end

!求特征值

Subroutine cha(ny,x,xa,xav,xd)

　　integer i,ny

!x(ny)为原序列值,xa、xav 和 xd 分别保存序列距平、均值和标准差值

　　real x(ny),xa(ny),xav,xd,sum

　　　　sum＝0

　　　　do i＝1,ny

!求原序列和 sum

　　　　―――――――――――

　　　　end do

!求均值 xav

　　　　―――――――――――

!求距平 xa 和标准差 xd

　　　　xd＝0

　　　　do i＝1,ny

　　　　　　xa(i)＝x(i)－xav

　　　　　　xd＝xa(i)\*xa(i)＋xd

　　　　end do

　　　　xd＝sqrt(xd/ny)

　　　　return

　　end

## 4.5.2　GrADS 程序编写

以下程序用于蒙古高压环流指数距平值绘图。

(1)为蒙古高压环流指数距平数据文件"mh2.grd"书写数据描述文件"mh2.ctl"。

　　\*加载数据

# 第4章 蒙古高压特征分析

undef-9.99E+33

＊为数据文件命名标题

_____

＊设置 x 维

_____

＊设置 y 维

_____

＊设置 z 维

_____

＊设置 t 维

_____

＊设置变量

vars  4

_____
_____
_____
_____

endvars

(2)绘制蒙古高压异常时间序列图,书写可执行文件"mh2.gs"。

'reinit'

＊打开"mh2.ctl"文件

_____

＊绘制"mhline.gmf'"的开始语句

_____

'set lat 1'

'set lon 1'

'set lev 1'

＊设置时间序列

_____

＊设置图形输出类型为 line

_____

＊设置 line 的颜色

_____

＊设置 line 的线形

_____

＊设置 line 的粗细

_____

'set cmark 2'
＊显示蒙古高压强度指数距平

_____

＊设置 line 的颜色

_____

＊设置 line 的线形

_____

＊设置 line 的粗细

_____

'set cmark 2'
＊显示蒙古高压面积指数距平,注意,若值较小,考虑处理方法

_____

'print'
'disable print'
＊下面的'c'不可缺少,为什么?
'c'
＊绘制"mhlonbar.gmf"的开始语句
'enable print G:\jiaocai\chap4\mhlonbar.gmf'

## 第4章 蒙古高压特征分析

　　*设置图形输出类型为 bar

　　*设置 bar 的绘制方向

　　*设置直方条的间隔

　　*设置 bar 的颜色

　　*显示蒙古高压经度指数距平

　　*执行输出,将结果存于"mhlonbar.gmf"中

'disable print'
'c'
　　*绘制"mhlatbar.gmf"的开始语句

　　*设置图形输出类型为 bar

　　*设置 bar 的绘制方向

　　*设置直方条的间隔

　　*设置 bar 的颜色

　　*显示蒙古高压纬度指数距平

　　*执行输出,将结果存于"mhlatbar.gmf"中

'disable print'
　　;

## 4.6 实例学习

**例 1** 现有 ASCⅡ码(十进制数据格式)数据资料文件 u850.dat 和 v850.dat，其空间范围:60°—150°E,0°—40°N;层次:u、v 为 850Pa;时段:1982 年 1 月—1985 年 12 月;分辨率:2.5°×2.5°;数据排放顺序满足 GrADS 要求。要求编写出将这 2 个文件转换成 1 个二进制(binary)文件的 FORTRAN 程序,并为生成的数据文件书写数据描述文件。

```
   1982     1
 -0.22 -0.46 -0.92 -1.48 -2.22 -2.93 -3.29 -3.43 -3.61 -3.44 -2.25 -0.27
  1.33  1.77  1.10 -0.56 -3.26 -6.02 -6.92 -5.19 -2.66 -1.88 -3.15 -4.36 -
  3.80 -2.01 -0.57 -0.22 -0.55 -0.95 -1.22 -1.41 -1.62 -1.79 -1.68 -1.05 -
  0.11
 -0.95 -0.79 -0.72 -0.79 -1.16 -1.76 -2.42 -3.20 -4.00 -4.22 -3.23 -1.34
  0.36  1.19  1.08 -0.09 -2.52 -5.36 -6.64 -5.29 -2.75 -1.60 -2.71 -4.48 -
  4.98 -3.84 -2.10 -0.76 -0.16 -0.16 -0.51 -0.95 -1.24 -1.26 -0.96 -0.33
  0.37
 -1.49 -1.15 -0.89 -0.80 -1.04 -1.55 -2.21 -2.94 -3.59 -3.76 -3.05 -1.73 -
  0.47  0.35  0.73  0.40 -1.15 -3.60 -5.50 -5.45 -3.75 -2.16 -2.05 -3.22 -
  4.41 -4.54 -3.42 -1.67 -0.17  0.45  0.20 -0.36 -0.66 -0.52 -0.17  0.17
  0.40
 -1.40 -1.20 -1.09 -1.08 -1.23 -1.59 -2.02 -2.38 -2.57 -2.46 -1.96 -1.21 -
  0.50 -0.01  0.30  0.27 -0.52 -2.28 -4.35 -5.49 -4.95 -3.23 -1.80 -1.83 -
```

图 4.2　v850.dat 数据内容

(1)ex04-1.f90 文件内容

Program ex04-1

implicit none

!定义变量,注意格点数与时间时次的确定方法

integer,parameter:: m0=37,n0=17,tim=48

real v(m0,n0,tim),u(m0,n0,tim)

integer i,j,k

## 第4章 蒙古高压特征分析

```
!打开数据文件
 open(1,file='d:\cvf\v850.dat')
 open(2,file='d:\cvf\u850.dat')
!------------读数据------------
 do k=1,tim
!注意此句是跳过空行
 read(1,1000)
!读数据文件,注意读数组循环的设定
 read(1,2000) ((v(i,j,k),i=1,m0),j=1,n0)
 read(2,1000)
 read(2,2000) ((u(i,j,k),i=1,m0),j=1,n0)
 end do
1000   format(2i7)
2000   format(37F6.2)
 write(*,2000) ((v(i,j,1),i=1,m0),j=1,n0)
!写数据,注意写数据的方式及数据格式的定义方法
 open(3,file='d:\cvf\wind850.grd',form='binary')
 do k=1,tim
 write(3) ((v(i,j,k),i=1,m0),j=1,n0)
 write(3) ((u(i,j,k),i=1,m0),j=1,n0)
 end do
end
```

(2)wind850.grd 的数据描述文件 wind850.ctl 文件内容

```
dset d:\cvf\wind850.grd
undef -9.99E+33
title NCEP/NCAR REANALYSIS PROJECT
xdef    37 linear    60.000    2.500
ydef    17 linear     0.000    2.500
zdef     1 levels    850
```

tdef 48 linear JAN1982 1mo

vars 2

v 1 99 v wind (m/s)

u 1 99 u wind (m/s)

endvars

**例2** 利用所提供的 model.le.grb 数据资料,绘制 1987 年 1 月 2 日 500 hPa 高度场西北半球沿 40°N 的经向剖面线形图(图 4.3)。资料 model.le.grb 的数据说明文件 model.le.ctl 如下：

dset C:\OpenGrADS\data\model.le.grb

title "Sample Model Data for GrADS Tutorial"

undef 1e+20

dtype grib

index ^model.gmp

xdef 72 linear 0.000000 5.000000

ydef 46 linear －90.000000 4.000000

zdef 7 levels

1000 850 700 500 300 200 100

tdef 5 linear 0Z2jan1987 1dy

vars 8

ps          0     1,1,0,0 Surface pressure [hPa]

u           7     33,100 Eastward wind [m/s]

v           7     34,100 Northward wind [m/s]

z           7     7,100 Geopotential height [m]

t           7     11,100 Air Temperature [K]

q           7     51,100 Specific humidity [kg/kg]

ts          0     11,105, 2 Surface (2m) air temperature [K]

p           0     59, 1, 0, 0 Total precipitation rate [kg/(m^2*s)]

endvars

## 第4章 蒙古高压特征分析

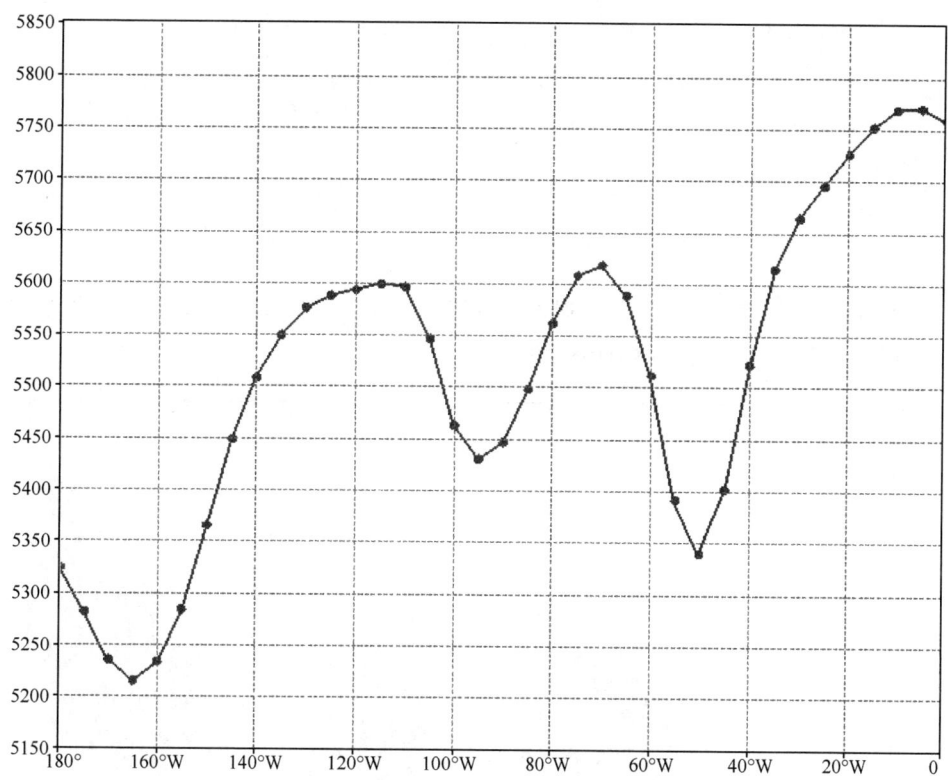

图 4.3 1987 年 1 月 2 日 500 hPa 高度场(单位:gpm)西北半球沿 40°N 的经向剖面线形图[1]

**ex04-1.gs 文件内容**

'open C:\OpenGrADS\data\model.le.ctl'

'set lat 40'

'set lon －180 0'

'set lev 500'

'set t 1'

'set gxout line'

'set ccolor 2'

---

[1] 由于 GrADS 绘图软件本身的原因,图中系统默认的坐标轴上经纬度的标记格式为 20W,20E,20N,20S 等,但这不是经纬度的规范表达方式,规范的表达方式为 20°W,20°E,20°N,20°S 等,若需更改系统默认的标记方式,可按照本章例 3 的方法进行坐标轴标记的更改。

```
'set cmark 3'
'set cstyle 1'
'set cthick 6'
'set grid on 3 3'
'd z'
 ;
```

**例3** 利用 model.le.grb 数据资料,绘制 1987 年 1 月 2 日 500 hPa 高度场西北半球沿 40°N 的经向剖面柱状图(图 4.4)。

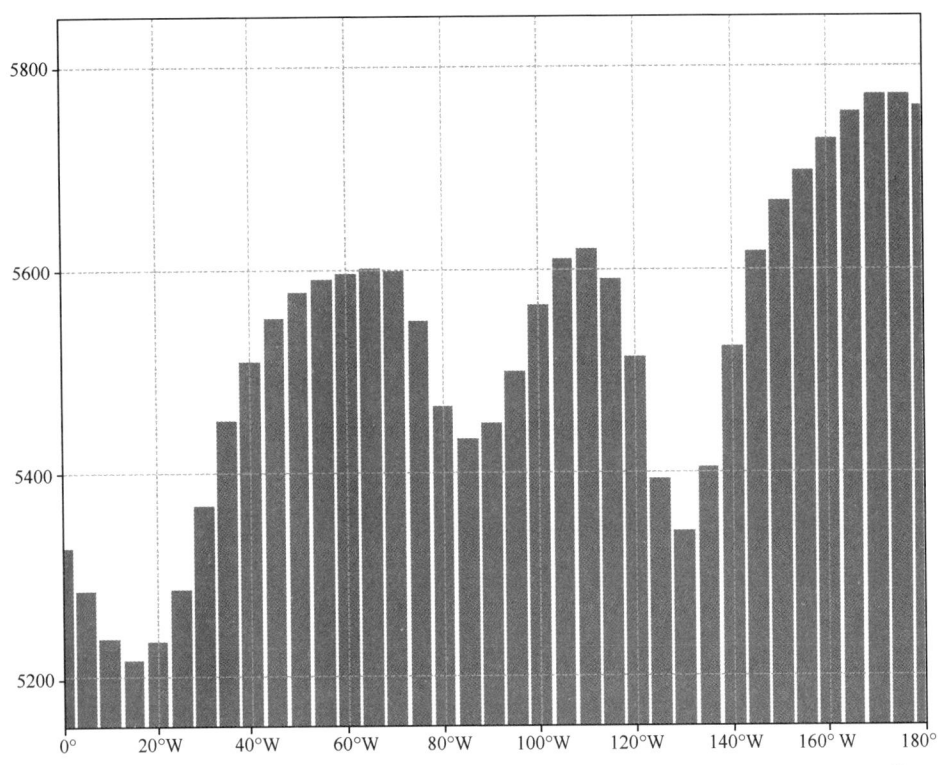

图 4.4　1987 年 1 月 2 日 500 hPa 高度场(单位:gpm)西北半球沿 40°N 的经向剖面柱状图[①]

---

① 图 4.4 中坐标轴上经纬度的标记格式为规范的表达方式,是通过改变 GrADS 绘图软件默认标记格式做到的。增加的程序如例 3 程序中的黑体部分。该书之后的相关图的坐标轴均采用经纬度的规范表达,程序部分仍按系统默认进行处理,不再进行改正,如想改为规范的表达,可参考该例。

# 第 4 章 蒙古高压特征分析

**ex04-2.gs 文件内容**

'open C:\OpenGrADS\data\model.le.ctl'

'set lat 40'

'set lon —180 0'

'set lev 500'

'set t 1'

'set ccolor 3'

'set grid on  3 7'

'set gxout bar'

'set bargap 20'

'set baropts filled'

'set barbase bottom'

\* 设定坐标轴的起始位置及间隔

'set xaxis —180 0 10'

'set yaxis 5150 5850 50'

'set ylint 200'

'set xlint 20'

\* 设定坐标轴的标记,改变系统默认的经度标记方式(如 20W),改变后加入单位(°),为经纬度的规范表达,如 20°W。该书中涉及经纬度标记的实例图中均采用规范的表达。改变系统默认的标记方式,可按照该方法进行坐标轴标记的更改。若能举一反三,该方法可灵活标记坐标轴

'set xlabs

0`3.|20`3.%`1W|40`3.%`1W|60`3.%`1W|80`3.%`1W|100`3.%`1W|120`3.%`1W|140`3.%`1W|160`3.%`1W|180`3.|'

\* 若 off 改为 on,则坐标轴反向

'set xflip off'

'set yflip off'

'set xlpos 0 b'

'set annot 8 8'

'set xlopts 4 3 0.13'

'set grads off'

'd z'

;

**例4** 利用 model.le.grb 数据资料绘制 1987 年 1 月 2 日 500 hPa 高度场西北半球 30°N 与 20°—40°N 均值的填色图(图 4.5)。

**ex04-3.gs 文件内容**

'open C:\OpenGrADS\data\model.le.ctl'

'set lon -180 0'

'set lat 30'

'set lev 500'

'set t 1'

'define zv=ave(z/9.8,lat=20,lat=40)'

'set gxout linefill'

'set lfcols 4 7'

'd z/9.8;zv'

;

# 第4章 蒙古高压特征分析

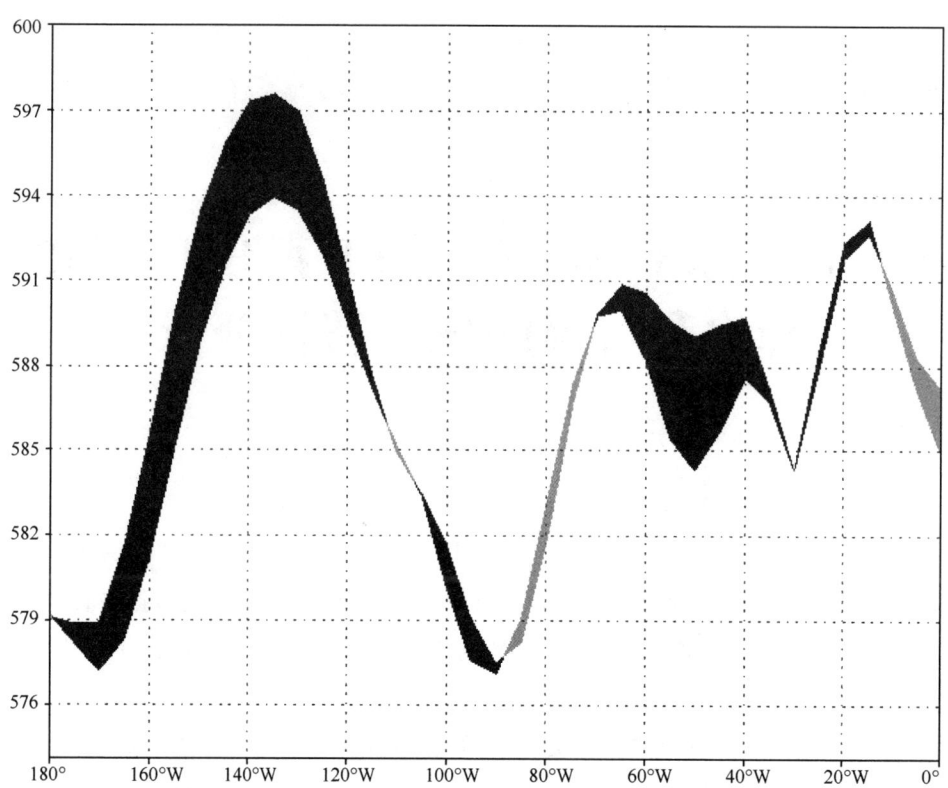

图 4.5　1987 年 1 月 2 日 500 hPa 高度场（单位：dagpm）西北半球 30°N 与 20°—40°N 均值的填色图

# 第5章 基于 NCAR/NCEP 再分析资料的降水和气温的气候特征分析

GrADS 是气象数据处理和显示的专业绘图软件,因此,在使用 GrADS 绘图前,必须具备数据资料,并且数据存放的文件形式应满足 GrADS 的数据格式要求。GrADS 软件可以处理多种数据格式的数据文件,目前 Binary、GRIB、netCDF 三种数据格式最为常用。

NCEP/NCAR 再分析数据集是由美国气象环境预报中心(NCEP)和美国国家大气研究中心(NCAR)联合制作的,采用了当今最先进的全球资料同化系统和完善的数据库,对各种来源(地面、船舶、无线电探空、测风气球、飞机、卫星等)的观测资料进行质量控制和同化处理,获得了一套完整的再分析资料集,它不仅包含的要素多、范围广,而且延伸的时段长,是一个综合的数据集,通常以 netCDF 数据格式存储。

NCEP/NCAR 再分析数据集以格点形式存放资料,一个网格点上(即一个确定的经度、纬度、高度和时刻)可以有任意多个物理变量,GrADS 视这些数据为一个大数组。数据排放顺序为:经度(自西向东)、纬度(由南向北)、高度(由低到高),然后是物理变量,最后是时次变化。如果在程序中用循环编写存取 GrADS 的数据,则从内循环到外循环依次是:

X(Lon)⟶Y(Lat)⟶Z(Lev)⟶Var(不同变量)⟶Time

该存放方式是 GrADS 缺省的存放次序,读取和调用的效率最高。

对某一层某一变量在某一时刻,$x$、$y$ 数据点构成一个水平网格,该网格严格对

# 第 5 章 基于 NCAR/NCEP 再分析资料的降水和气温的气候特征分析

应于 FORTRAN 中的数组存放顺序。这样一个 $x$、$y$ 数据场即构成一个记录,其顺序是 $x$ 从西变化到东,$y$ 从南变化到北,即实际大数组以二维数据片存放。

这些数据不仅类型相同,而且彼此之间有一定的联系。这时如果仍然用单个变量来表示每个数据,会很麻烦,有时可能根本无法处理。而且,实际应用中,需要分析的数据往往是这些大数组的某些子集,需要通过 FORTRAN 对这些数据进行预处理,转换成分析数据。因此,对于上述问题,FORTRAN90 提供了数组这一构造类型,每个数组代表一组具有同一类型的变量,数组中所包含的每个数据称为数组元素,它可以通过下标来区分。在程序中使用数组保存和处理数据量大、类型相同的问题,会使程序简洁,编程方便灵活,提高程序的执行效率。

本章将针对绘图前的数据处理及使用,以 NCAR/NCEP 再分析资料为基础数据学习 FORTRAN 和 GrADS 进行格点数据处理的方法。

## 5.1 实验实习目的

(1)了解 NCEP/NCAR 再分析数据集的数据结构。

(2)通过 NCEP/NCAR 再分析数据集,掌握 FORTRAN 有格式输入输出语句(Read、Print、Write)的读写四维数据的方法。

(3)掌握 FORTRAN 多维数组的定义和使用方法。

(4)掌握隐式 do 循环的使用方法。

(5)巩固 FORTRAN 顺序结构概念和顺序结构程序设计方法。

(6)掌握 GrADS 对"*.nc"文件的读取方法。

(7)掌握 GrADS 中 fwrite 写出二进制数据的方法。

(8)掌握 GrADS 中 While 循环的使用方法。

(9)掌握 GrADS 中变量的定义和使用方法。

(10)掌握四维"*.grd"数据格式建立数据描述文件(*.ctl)的方法。

(11)巩固 GrADS 的基本操作命令的使用方法。

(12)掌握 GrADS 对 contour 和 shaded 图形类型的设置方法以及两种绘图类型的图形要素设置方法。

(13)掌握 GrADS 中基础绘图命令的设置方法。

(14)掌握 GrADS 中 printim 生成图形文件(＊.gmf、＊.gif、＊.png)的方法。

## 5.2 实验实习内容

### 5.2.1 问题描述

利用 1948—2010 年 NCAR/NCEP 月平均气温和降水再分析资料(nc 格式文件 air.mon.mean.nc 和 pr_wtr.eatm.mon.mean.nc),分析 1 月气温和降水气候特征。要求利用 FORTRAN 提取 1948—2010 年 1 月数据并进行计算,以"＊.grd"格式保存 1948—2010 年 1 月气温、降水气候场数据,用 GrADS 生成 1948—2010 年 1 月气温、降水气候二维等值线和二维填色图两种格式叠加的图像,书写标题,并在高温、低温中心标记"H"和"L"。保存并分析之。

### 5.2.2 问题分析

已知:1948—2010 年 NCAR/NCEP 月降水和气温再分析资料。

绘制:1948—2010 年 1 月气温、降水气候图。

通过分析,首先用 GrADS 将从 NCAR/NCEP 月气温和降水再分析资料(nc 格式文件)中提取气温和降水 1 月逐年数据,并保存为 grd 格式文件,再用 FORTRAN 程序利用上述资料按照公式 $\bar{x}=\frac{1}{n}\sum_{i=1}^{n}x_i$ 求得 1 月气温和降水的气候值,用 GrADS 绘制二者的气候图,分析 1948—2010 年 1 月气温、降水的气候特征。

## 5.3 实验实习要求

(1)分析问题,理解所给出的问题,理清实习的先后顺序。

(2)用 GrADS 读取 NCAR/NCEP 再分析资料(nc 格式),提取 1 月逐年数据,生成气温、降水 1 月的二进制数据"air1.grd"、"pre1.grd",编写 1 月气温、降水资料"air_1.grd"、"pre1_1.grd"的数据描述文件"air_1.ctl"、"pre_1.ctl"。

# 第5章 基于NCAR/NCEP再分析资料的降水和气温的气候特征分析

(3) 用注释的方法解释FORTRAN中所定义的数组、变量。

(4) 用FORTRAN定义变量和数组。

(5) 利用FORTRAN的顺序结构求得气温、降水的气候值,运行程序,写出气温、降水的气候资料"tc1.grd"、"pc1.grd"。

(6) 编写气温、降水气候资料"tc1.grd"、"pc1.grd"的数据描述文件"tc1.ctl"、"pc1.ctl"。

(7) 利用气温、降水气候资料"tc1.grd"、"pc1.grd",通过GrADS编写绘制气温和降水的二维矢量图和填色图的gs程序,掌握GrADS对contour和shaded图形类型和图形要素的设置方法printim命令生成图形文件(*.gif、*.png)的基本方法。将图片保存为"tc1.gif"、"pc1.gif"或者"tc1.png"、"pc1.png"。或者利用enable print命令生成图形文件"tc1.gmf"、"pc1.gmf"。

## 5.4 实验实习步骤

(1) 分析问题,理清算法,设计和编写程序。

(2) 书写"air1948-2010-1.gs"和"pre1948-2010-1.gs"从NCAR/NCEP再分析资料(nc格式),利用fwrite提取1月逐年数据,生成气温、降水1月的二进制数据"air1.grd"、"pre1.grd",编写1月气温、降水资料"air_1.grd"、"pre1_1.grd"的数据描述文件"air_1.ctl"、"pre_1.ctl"。

(3) 启动软件开发环境Microsoft Developer Studio。

(4) 在D盘上创建新工作区shixi05。

(5) 在工作区shixi2内创建新项目shixi05。

(6) 在项目shixi21内创建源程序文件"shixi05.f90",编辑输入源程序文本,打开1948—2010年1月气温、降水资料"air_1.grd"、"pre1_1.grd",根据求均值公式求得1948—2010年1月气温、降水气候场值。

(7) 编译、构建、运行、调试FORTRAN程序,生成1948—2010年1月气温、降水气候场数据"tc_1.grd"、"pc1_1.grd"。

(8) 打开记事本,编写"tc_1.grd"和"pc1_1.grd"的数据描述文件"tc1.ctl"和"pc1.ctl"。

(9)利用 GrADS 的基本绘图命令和 contour、shaded 两种图形类型的图形设置方法和图形要素设置方法以及基本绘图命令,利用 printim 和 enable print 两种输出图像方法及输出图像格式设置,编写"tcl.gs"和"pcl.gs"。

(10)启动 GrADS,运行、调试"tcl.gs"和"pcl.gs",保存气温、降水气候图"tcl.gmf"、"pcl.gmf"或者"tcl.gif"、"pcl.gif"。

(11)分析 1948—2010 年 1 月气温、降水的气候特征。

## 5.5 实验实习程序编写

### 5.5.1 提取 NCAR/NCEP 再分析资料中 1 月气温、降水二进制数据

(1)air1948-2010-1.gs

'reinit'

＊打开 air.mon.mean.nc 数据

'_____'

＊写数据

'set gxout fwrite'

＊设置写入数据文件

'_____'

＊设置经度

'_____'

＊设置维度

'_____'

i=1

while(i<=756)

'set t' i"

＊显示变量

'_____'

i=i+12

## 第5章 基于NCAR/NCEP再分析资料的降水和气温的气候特征分析

```
endwhile
'disable fwrite'
;
```

(2)pre1948-2010-1.gs

```
j=1
'reinit'
* 打开 pr_wtr.eatm.mon.mean.nc 数据
'                                              '

* 写数据
'set gxout fwrite'
* 设置写入数据文件
'                                              '

* 设置经度
'                                              '

* 设置维度
'                                              '

i=1
while(i<=756)
'set t' i"
* 显示变量
'                                              '

i=i+12
endwhile
'disable fwrite'
;
```

(3)编写"air1.grd"、"pre1.grd"数据描述文件"air1.ctl"和"pre1.ctl"。

①air1.ctl

* 加载数据

title Air Temperature of NCEP Reanalysis in JAN
undef -9.96921e+36

*x 维数据说明

---

*y 维数据说明

ydef 73 linear -90 2.5

*z 维数据说明

---

*t 维数据说明

tdef _____ linear 00Z01JAN1948 1mo

*变量说明

vars 1

air 0 t,y,x  Winter Air Temperature

endvars

②pre1.ctl

*加载数据

---

title Precipitable Water of NCEP Reanalysis in JAN
undef -9.96921e+36

*x 维数据说明

---

*y 维数据说明

ydef 73 linear -90 2.5

*z 维数据说明

---

*t 维数据说明

tdef _____ linear 00Z01JAN1948 1mo

*变量说明

```
vars 1
pr_wtr 0 t,y,x    Precipitable Water in JAN
endvars
```

## 5.5.2  计算 1948—2010 年 1 月气温、降水气候值

(1)shixi02.f90

```
Program main
    parameter(it=_____,jt=_____,lt=_____)
    !变量分别为纬向格点数 it,经向格点数 jt,年数 lt
    dimension air(1:it,jt,lt),pre(1:it,jt,lt),tc1(1:it,jt),pc1(1:it,jt)
    !定义存放 1948－2010 年 1 月气温、降水数据的数组 air 和 pre 以及存放 1 月
气温、降水气候数据的数组 tc1 和 pc1
    !读入 1 月气温、降水的原始值
    _____
    do l=1,lt
        read(1)((air(i,j,l),i=1,it),j=1,jt)
    end do
    close(1)

    open(2,file='G:\jiaocai\chap2\data\pre_1.grd',form='binary')
    do l=1,lt
    _____
    end do
    close(2)
    !为气候值赋初值
    do j=1,jt
        do i=1,it
            tc1(i,j)=0
            pc1(i,j)=0
```

end do

　end do

!求每个格点1月气温、降水气候值

do j=1,jt

　do i=1,it

　　do l=1,lt

　　　_____

　　　pc1(i,j)=pc1(i,j)+pre(i,j,l)

　　end do

　　tc1(i,j)=tc1(i,j)/lt

　　_____

　end do

end do

!输出数据到文件中

open(3,file='G:\jiaocai\chap2\data\tc1.grd',form='binary')

　　_____

close(3)

_____

　　write(4)((pc1(i,j),i=1,it),j=1,jt)

close(4)

end

(2)编写"tc1.grd"、"pc1.grd"数据描述文件"tc1.ctl"、"pc1.ctl"。

①tc1.ctl

dset G:\jiaocai\chap2\data\tc1.grd

title Air Temperature NCEP Reanalysis in JAN

undef   -9.96921e+36

xdef 144 linear 0 2.5

ydef 73 linear －90 2.5

# 第5章 基于NCAR/NCEP再分析资料的降水和气温的气候特征分析

```
zdef 1    linear 0 1
tdef  _____  linear   00Z01JAN1948 1mo
vars 1
air 0 t, y, x   Air Temperature
endvars
```

②pc1.ctl

```
dset G:\jiaocai\chap2\data\pc1.grd
title Winter Precipitable Water NCEP Reanalysis
undef   －9.96921e＋36
xdef 144 linear 0 2.5
ydef 73 linear －90 2.5
zdef 1    linear 0 1
tdef  _____  linear   00Z01JAN1948 1mo
vars 1
pr_wtr 0 t, y, x   Winter Precipitable Water
endvars
```

## 5.5.3 绘制1948—2010年1月气温、降水气候图

(1)tc1.gs

```
'reinit'
*生成图片设定
'_____'
*打开数据
'open G:\jiaocai\chap2\data\tc1.ctl'
'set grads off'
*设定经纬度
'_____'
'_____'
'set t 1'
```

\* 设定输出填色图格式图形

'd air'

'set gxout contour'

'set csmooth on'

\* 设定输出图形标题

\* 显示等值线数据

\* 设定字符串颜色、位置等属性

\* 设定字符串大小

\* 绘制字符串 H

\* 设定字符串颜色、位置等属性

\* 设定字符串大小

\* 绘制字符串 H

'print'

'disable print'

;

(2)pc1.gs

'reinit'

\*'enable print G:\jiaocai\chap2\gmf\pc1.gmf'

\* 打开数据

# 第 5 章 基于 NCAR/NCEP 再分析资料的降水和气温的气候特征分析

'set grads off'

'set lon 0 360'

'set lat －90 90'

\* 设定时间维

'_____'

'set gxout shaded'

'd pr_wtr'

\* 设定等值线格式图像格式

'_____'

'set csmooth on'

'draw title The Precipatation in JAN from 1948 to 2010'

'd pr_wtr'

\*'print'

\*'disable print'

\* 利用 printim 输出图形

'_____'

;

## 5.6 实例学习

**例1** 输入 3 个气象站 5 个月（汛期）雨量数据（表 5.1），存放于"d:/cvf/stprec1.txt"中，利用 FORTRAN 编写程序，统计每个气象站的总雨量和平均雨量。

表 5.1 1998 年主要站汛期雨量统计表

| 站名 | 汛期各月雨量(mm) | | | | |
| --- | --- | --- | --- | --- | --- |
| | 5月 | 6月 | 7月 | 8月 | 9月 |
| 江阴 | 76.8 | 176.5 | 308.1 | 41.0 | 69.6 |
| 定波闸 | 71.5 | 208.5 | 352.1 | 47.2 | 62.6 |
| 肖山 | 65.5 | 200.0 | 239.7 | 44.3 | 63.0 |

```fortran
Program ex05_1
implicit none
external sub
real r(5),total,ave
!打开文件
open(1,file='d:/cvf/stprec1.txt')
!调用子程序
call sub(r,total,ave)
!写出数据
write(1,'(a40,1x,a6,1x,f5.1,1x,a4,1x,f5.1)') 'This is Jiangyin station precipitation', 'total=', total, 'ave=', ave
call sub(r,total,ave)
write(1,'(a40,1x,a6,1x,f5.1,1x,a4,1x,f5.1)') 'This is Dingbozha station precipitation', 'total=', total, 'ave=', ave
call sub(r,total,ave)
write(1,'(a40,1x,a6,1x,f5.1,1x,a4,1x,f5.1)')' This is Xiaoshan station precipitation', 'total=', total, 'ave=', ave
close(1)
end
!计算总雨量和平均雨量的子程序
Subroutine sub(r,total,ave)
real r(5), total, ave
read (2,*) r
total=0.0
do  i=1,5
total=total+r(i)
end do
ave=total/5.0
end
```

# 第5章 基于NCAR/NCEP再分析资料的降水和气温的气候特征分析

**例2** 利用所提供的model.le.grb数据资料,(1)绘制一张第2时刻温度垂直剖面图(纬度固定于30°N,经度范围80°W—0°,层次由第1层变化至第7层),要求将温度正值区域用阴影显示,负值区域用等值线显示,并加粗0值等值线,同时Y轴标注为"Z/hPa",标题标注为"Temperature/℃";(2) 利用fwrite命令将第2天西北半球500 hPa高度场资料提取存放至500 hPa.grd文件中。资料model.le.grb的数据说明文件model.le.ctl如下:

```
dset C:\OpenGrADS\data\model.grb
title "Sample Model Data for GrADS Tutorial"
undef 1e+20
dtype grib
index ^model.gmp
xdef 72 linear 0.000000 5.000000
ydef 46 linear -90.000000 4.000000
zdef 7 levels
1000 850 700 500 300 200 100
tdef 5 linear 0Z2JAN1987 1dy
vars 8
ps         0    1,1,0,0 Surface pressure [hPa]
u          7    33,100 Eastward wind [m/s]
v          7    34,100 Northward wind [m/s]
z          7    7,100 Geopotential height [m]
t          7    11,100 Air Temperature [K]
q          7    51,100 Specific humidity [kg/kg]
ts         0    11,105,2 Surface (2m) air temperature [K]
p          0    59,1,0,0 Total precipitation rate [kg/(m^2*s)]
endvars
```

(1)ex05-2.gs文件内容

'reinit'

\* 加载数据文件

'open C:\OpenGrADS\data \model.le.ctl'

* 设定经度、纬度、高度维

'set lon -80 0'

'set lat 30'

'set z 1 7'

* 设定时间维

'set t 2'

'set grads off'

* 设定输出图形类型为阴影

'set gxout shaded'

'set xlopts 1 4 0.16'

'set ylopts 1 4 0.16'

'set parea 2 9 2 7'

* 设定温度正值区域

'set cmin 0'

'd t-273.15'

'cbar'

* 设定输出图形类型为等值线

'set gxout contour'

'set cmax 0'

'd t-273.15'

* 设定温度负值区域用等值线显示,并加粗0值等值线

'set clevs 0'

'set ccols 4'

'set cthick 7'

'd t-273.15'

* 标题标注为"Temperature/℃"

'draw title Temperature/`3.`1C'

* Y轴标注为"Z/hPa"

## 第5章  基于 NCAR/NCEP 再分析资料的降水和气温的气候特征分析

```
'draw ylab Z/hPa'
'draw xlab lon'
;
```

(2)ex05-3.gs 文件内容

```
'reinit'
'open C:\OpenGrADS\data\model.le.ctl'
'set lat 0 90'
'set lon -180 0'
'set lev 500'
'set t 2'
'd z'
* 写出图像
'printim d:/work/grads/z.png white'
'c'
'set gxout fwrite'
* 写出数据
'set fwrite C:\OpenGrADS\data\z.grd'
'd z'
'disable fwrite'
;
```

**例3** 利用 model 的数据文件,使用 while 语句将5天西北半球 850 hPa 风场图循环输出到 850 uv.gmf 图片文件中,要求每张图的标题要和当日时间对应。图5.1为1987年1月2日 850 hPa 高度场风场图。

ex05-4.gs 文件内容

```
'reinit'
* 打开文件
'open C:\OpenGrADS\data\model.le.ctl'
* 保存图像
'enable print C:\OpenGrADS\data\850uv.gmf'
```

'set lon -180 0'

'set lat 0 90'

'set lev 850'

'set grads off'

'set grid off'

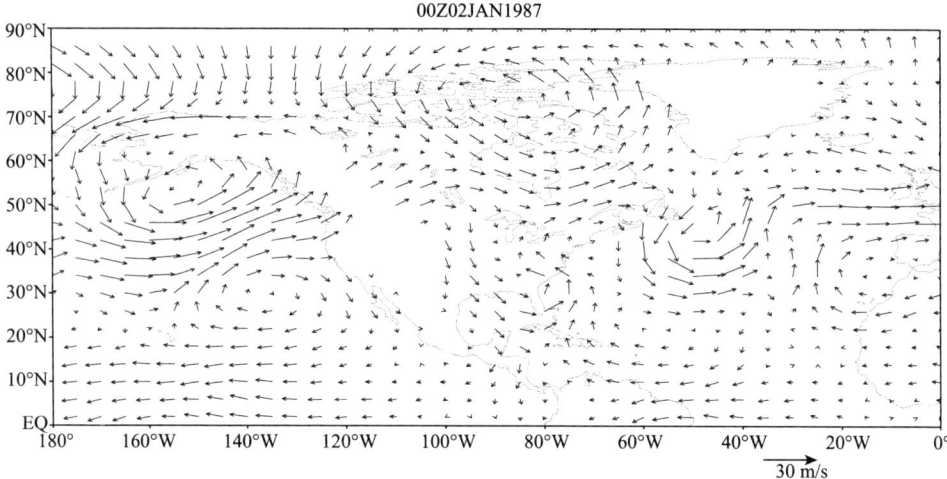

图 5.1　1987 年 1 月 2 日 850 hPa 高度场风场图

\* 循环输出 850 uv.gmf 图片文件

i=1

while(i<=5)

'set t 'i''

'q time'

title=subwrd(result,3)

\* 显示风场要素

'd u;v'

'draw title 'title''

'print'

'c'

i=i+1

# 第5章 基于NCAR/NCEP再分析资料的降水和气温的气候特征分析

```
endwhile
'disable print'
;
```

**例4** 现有二进制数据文件"data.grd"和相应的数据描述文件"data.ctl",其中,数据描述文件的内容如下,试根据所提供的信息完成下列实习内容。

data.ctl 的内容为:

```
dset data.grd
undef -9.99E+33
title NCEP/NCAR Reanalysis Project
xdef    37 linear    60.000   2.500
ydef    17 linear    0.000    2.500
zdef     2 levels    850  500
tdef    48 linear    JAN1982   1mo
vars 3
u   2 99 u wind (m/s)
v   2 99 v wind (m/s)
h   1 99 500hPa
endvars
```

假定上述 500 hPa 高度场的距平场资料文件为 hano.grd,写出其相应的数据描述文件 hano.ctl,并画出 1982 年 12 月(图 5.2)和 1983 年 7 月(图 5.3)的距平场,要求<0 的值标出阴影,0 线加粗,并标注标题。

(1) hano.ctl 文件内容

```
dset hano.grd
undef -9.99E+33
title NCEP/NCAR Reanalysis Project
xdef    37 linear    60.000   2.500
ydef    17 linear    0.000    2.500
zdef     1 levels    500
tdef    48 linear    JAN1982   1mo
```

vars 1
hano 1 99 500hPa
endvars

(2)ex05-5.gs 文件内容

'reinit'

'open C:\OpenGrADS\data\hano.ctl'

'enable print C:\llp\svd\li1.gmf'

\* 画1982年12月距平图(等值线＋阴影)

'set grads off'

'set grid off'

'set map 1 1 10'

\* 先画阴影图

'set time dec1982'

'set gxout shaded'

'set cmax 0'

'd hano'

\* 后画等值线图

'set gxout contour'

'd hano'

\* 画加粗0线图

'set clevs 0'

'set cthick 10'

'd  hano'

\* 写标题和 X/Y 轴标注

'draw title 500 hPa Anomalous Height Fields for DEC 1982'

'draw xlab LON'

'draw ylab LAT'

'print'

pull dummy

# 第5章　基于NCAR/NCEP再分析资料的降水和气温的气候特征分析

\* 继续画1983年7月高度场距平图
'c'
'set grads off'
'set time jul1983'
\* 先画阴影图
'set gxout shaded'
'set cmax 0'
'd hano'
\* 后画等值线图
'set gxout contour'
'd hano'
\* 画0线加粗图
'set clevs 0'
'set cthick 10'
'd hano'
'draw title 500 hPa Anomalous Height Fields for JUL 1983'
'draw xlab LON';'draw ylab LAT'
'print'
'disable print'
;

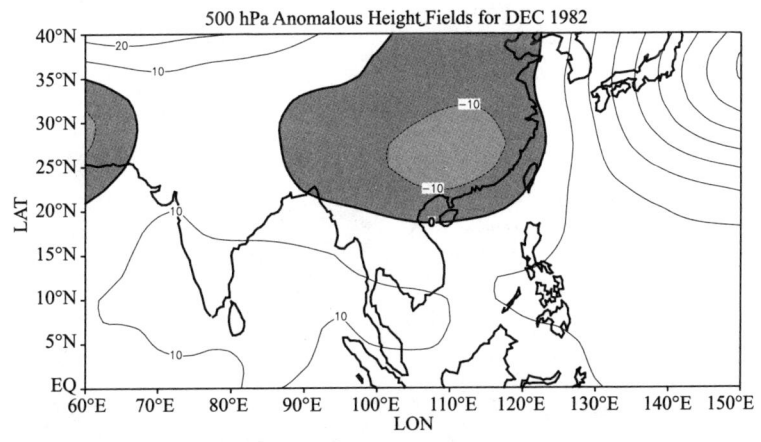

图5.2　1982年12月500 hPa距平场(单位:gpm)

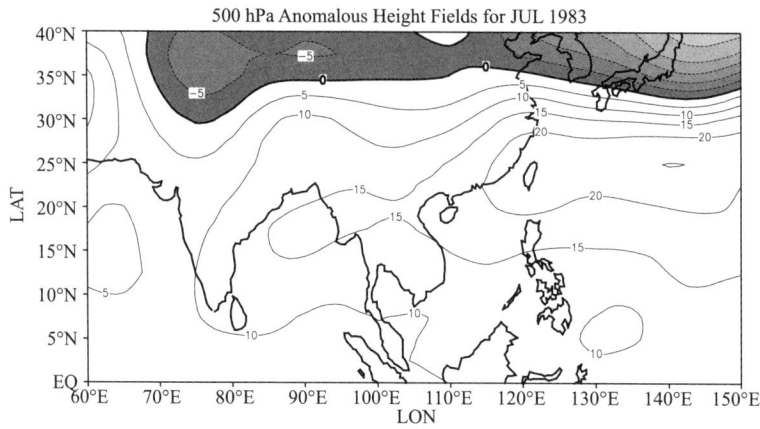

图 5.3　1983 年 7 月 500 hPa 距平场(单位:gpm)

**例 5**　利用数据文件"data.grd",绘制 1982—1985 年 4 年夏季(即 6、7、8 月平均)500 hPa 高度场,存放于一个 gmf 格式图片文件中,要求每年的图的标题要和当年对应(图 5.4—图 5.7)。数据文件"data.grd"的描述文件"data.ctl"如下:

dset C:\OpenGrADS\data \data.grd

undef －9.99E＋33

title NCEP/NCAR Reanalysis Project

xdef　　37 linear　　60.000　　2.500

ydef　　17 linear　　0.000　　2.500

zdef　　2 levels　　850　　200

tdef 48 linear　　JAN1982　　1mo

vars　4

u　2 99 u wind (m/s)

v　2 99 v wind (m/s)

h　1 99 h500

tsfc 1 99 tsfc data

endvars

# 第5章 基于NCAR/NCEP再分析资料的降水和气温的气候特征分析

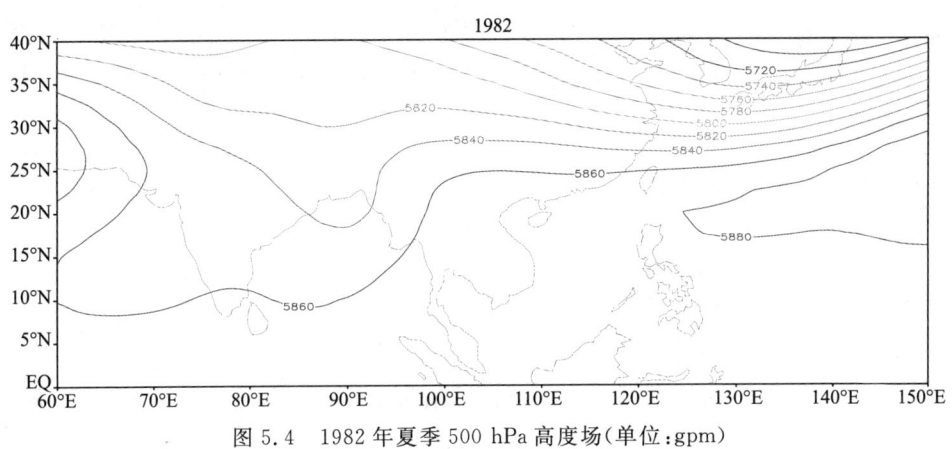

图 5.4　1982 年夏季 500 hPa 高度场（单位：gpm）

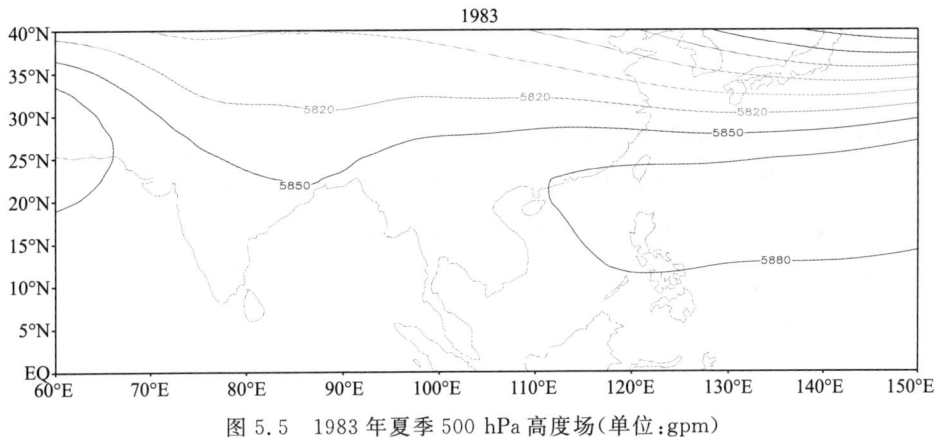

图 5.5　1983 年夏季 500 hPa 高度场（单位：gpm）

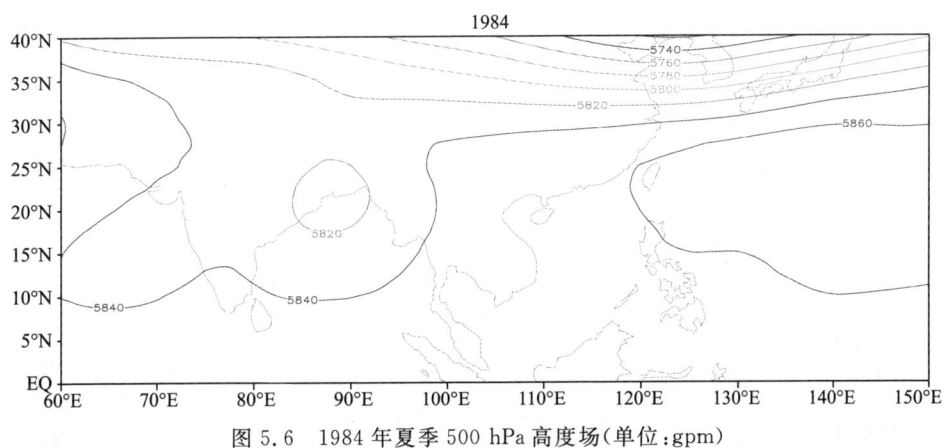

图 5.6　1984 年夏季 500 hPa 高度场（单位：gpm）

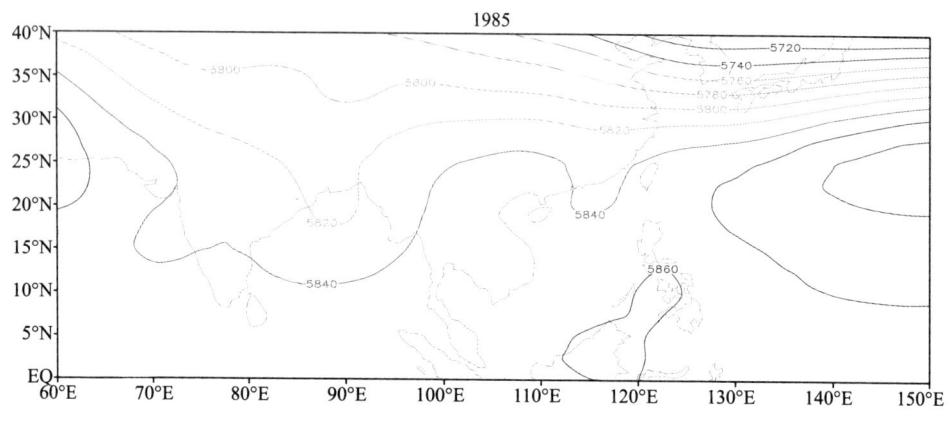

图 5.7　1985 年夏季 500 hPa 高度场(单位:gpm)

**ex05-6.gs 文件内容**

'reinit'

'open C:\OpenGrADS\data\data.ctl'

*将生成图像统一保存于 C:\OpenGrADS\data \850h.gmf 中

'enable print C:\OpenGrADS\data \850h.gmf'

'set grads off'

'set grid off'

*循环求 4 年夏季平均

i=6

while(i<=48)

'h1=ave(h,t='i',t='i'+2)'

'set t 'i''

'q time'

a1=subwrd(result,3)

b1=substr(a1,9,4)

'd h1'

*绘制年份标题

'draw title 'b1''

'print'

# 第 5 章 基于 NCAR/NCEP 再分析资料的降水和气温的气候特征分析

```
'c'
* 控制循环步长
i=i+12
endwhile
'disable print'
 ;
```

# 第6章　蒙古高压与中国气温关系分析

大气活动中心(atmospheric center of action,简记为ACA)是月平均海平面气压(SLP)场中全年或季节地存在于特定地理区域的巨大高压、低压系统(Teisserenc,1883),全年存在的称为永久性大气活动中心,季节存在的称为半永久性大气活动中心。由大气科学发展历史(大气科学编委会,1994)知,在使用至今的大气环流系统名称中,ACA的提出仅迟于热带信风系统、哈得来(Hadley)环流圈、费勒尔(Ferrel)环流圈和极地环流圈等少数环流系统,足见其在大气科学中的重要性。

由ACA定义知,它们是对流层下部气压场中的定常波,由控制大气环流的基本因子(叶笃正,1958),行星尺度大气下界面的纬向不均匀热力、动力强迫是其重要成因;而由摩擦对大气环流的影响,这些稳定存在于对流层下部的高压(低压)系统控制的广大区域,其对流层低层必然存在大气运动的辐散(辐合),高层必然存在补偿性大气运动的辐合(辐散),从而形成高压(低压)区对流层中占优势的下沉(上升)运动,决定了ACA控制区的降水分布;同时,这些高压(低压)系统中的经向风($v$)纬向差异,对区域气温、降水的差异也有深刻影响;故ACA也是区域气候重要成因。而ACA的年代际异常,必然导致区域气候的异常。因此,ACA异常及其与气候异常关系研究是大气环流理论及短期气候预测研究的重要课题。

蒙古高压位于中国北部,其异常与中国气候有着密切联系。朱乾根等(1997)研究了近110 a北半球冬季6个主要ACA的长期变化,分析了ACA与中国气候的关系,发现蒙古高压强度与中国冬季气温存在明显的负相关,北太平洋高压与中国冬季降水有较好的正相关。对冬季中国气候异常影响严重的蒙古高压,龚道溢

## 第 6 章　蒙古高压与中国气温关系分析

和王绍武(1999)发现,用蒙古高压强度能较好地解释近几十年来中国冬季气温变化的特征,近百年来蒙古高压的变化可能仍然以自然变率为主,但是,在全球持续变暖的情景下强度将会显著减弱,5～6 a 左右年际尺度的变率将会加强;龚道溢等(2002)、武炳义和王佳(2004)指出蒙古高压是冬季空气在西伯利亚冷下界面上不断冷却的结果,它使该区域成为全球之冷极,而其会直接导致冬季东亚气候异常。王遵娅和丁一汇(2006)指出,蒙古高压强度与中国寒潮频次呈显著的正相关,近50 多年来两者明显减弱可能造成了中国寒潮的减少;在秋冬季节,与蒙古高压相配合的低层冷空气堆温度与中国寒潮频次有很好的负相关关系,其显著升高是引起中国寒潮频次减少的可能原因。

本实习拟通过 1951—2010 年 1 月蒙古高压强度指数与中国 160 站气温的相关关系,研究蒙古高压近年来与中国气温的关系,绘制 1951—2010 年 1 月蒙古高压强度与中国 160 站的同期相关图。学习气象要素与气候的相互影响关系的研究方法,从而巩固 FORTRAN 顺序结构和循环结构的程序设计方法、函数、变量、数组的使用方法,重点掌握通过外部文件对站点数据进行输入输出操作的方法,同时了解站点资料的数据结构,掌握其处理方法。掌握 GrADS 绘制站点资料的步骤和方法。

## 6.1　实验实习目的

(1)掌握气象要素相互影响研究的基本方法。
(2)进一步巩固 FORTRAN 顺序结构和循环结构的程序设计方法和变量、函数、数组的使用方法,重点掌握外部文件对数据进行输入输出操作的方法。
(3)掌握 FORTRAN 中 WLF 函数库的使用方法。
(4)了解站点资料的数据结构。
(5)掌握站点资料数据描述文件和站点映射文件的建立方法。
(6)掌握站点资料生成格点资料的方法。
(7)学习并掌握 GrADS 函数的使用方法,加强对 oacres( )、maskout( )、smth9( )等函数的理解。
(8)掌握 GrADS 变量的定义和使用方法。

(9)巩固 GrADS 数据处理流程、绘图要素设置、基础绘图命令的使用方法,进一步掌握描述语言的应用方法。

## 6.2 实验实习内容

### 6.2.1 问题描述

利用 1951—2010 年 1 月蒙古高压标准化强度指数(p.dat)和 1951—2010 年 1 月中国 160 站气温资料(t1601.dat),根据 6.5 节相关系数的计算方法计算 1951—2010 年 1 月蒙古高压强度与中国 160 站气温的同期相关系数,绘制 1951—2010 年 1 月蒙古高压强度与中国气温的同期相关图,分析冬季蒙古高压强度与中国气温的相互影响关系。要求以"*.dat"和"*.grd"两种格式保存 1951—2010 年 1 月蒙古高压强度与中国气温的同期相关数据;用 GrADS 绘制 1951—2010 年 1 月蒙古高压强度与中国气温同期相关等值线图,写上标题,画出黄河、长江,并用阴影标记出显著相关区,分析之。

### 6.2.2 问题分析

已知:1951—2010 年 1 月蒙古高压标准化强度指数序列和 1951—2010 年中国 160 站 1 月气温站点资料。

计算:1951—2010 年 1 月蒙古高压强度与中国 160 站气温同期相关系数。

绘制:1951—2010 年 1 月蒙古高压强度与中国 160 站气温同期相关图,写上标题,并用阴影标记显著相关区。

通过分析,首先用 FORTRAN 打开从 1951—2010 年中国 160 站 1 月气温数据"t1601.dat"和 1951—2010 年 1 月蒙古高压强度指数"p.dat",根据 6.5 节中同期相关系数的计算方法,编写计算相关系数的函数计算 1951—2010 年 1 月蒙古高压强度与中国 160 站气温同期相关系数,并保存为"ptcor1.dat"和"ptcor1.grd"文件。

根据教材中站点资料数据描述文件和站点映射文件的建立方法,结合

rain.map 建立站点资料"ptcor1.grd"的数据描述文件和站点映射文件;生成中国160 站的格点文件"grid.grd",注意"grid.grd"的数据描述文件中的时间描述说明一定要与"ptcor1.grd"的数据描述文件相一致。

用 GrADS 编写.gs 文件,完成将二进制站点资料文件"ptcor1.grd"插值到格点文件"grid.grd"的网格点上,并按照要求显示和保存图形。

## 6.3 实验实习要求

(1)分析问题,理解所给出的方法与技术,理清问题思路,分解任务,设计算法。

(2)输出数据采用有格式输入输出,使输出数据规范、醒目、简洁。

(3)用注释的方法指出程序中函数调用的起始和结束位置,并为函数进行注释。

(4)巩固顺序结构和循环结构的程序设计方法和变量、函数、数组的使用方法,重点掌握通过外部文件对数据进行输入输出操作的方法。

(5)学习并掌握同期相关系数的求解方法,利用函数求 1951—2010 年 1 月蒙古高压强度与中国气温同期相关的 160 个相关系数,并以*.dat 和 *.grd 两种格式保存。

(6)掌握站点资料处理为二进制资料及其数据描述文件的建立方法,将相关系数资料处理为"ptcor1.grd",并为其书写数据描述文件"ptcor1.ctl"。

(7)结合"rain.map",掌握二进制站点资料的站点映射文件的建立方法。

(8)掌握与站点资料配备的格点资料的生成方法,生成"grib.grd"文件及其数据描述文件"grib.ctl"。

(9)掌握二进制站点资料文件插值到格点文件的网格点上的方法,用 GrADS 创建"ptcor.gs"文件,按照要求显示和保存 1948—2010 年 1 月蒙古高压强度与中国 160 站气温同期相关系数图"ptcor.gmf",用红色和蓝色标识出显著正负相关区域。

## 6.4 实验实习步骤

(1)分析问题,绘制程序流程图,设计算法,编写程序。
(2)启动软件开发环境 Microsoft Developer Studio。
(3)在 D 盘上创建新工作区 shixi4。
(4)在工作区 shixi4 内创建新项目 shixi04。
(5)在项目 shixi04 内创建计算 1951—2010 年 1 月蒙古高压强度与中国气温同期相关的源程序文件"ptcor01.f90",编辑输入源程序文本。
(6)拷贝 WFL 到 C:\,配置 FORTRAN 使用 WFL 函数库的环境(图 6.1—图 6.3),WFL 相关说明见 C:\WFL\doc\help 文件。
(7)编译、构建、运行、调试 FORTRAN 程序,生成"mh-t-1.dat"和"mh-t-1.grd"。
(8)用 FORTRAN 读取存放全国 160 个台站经纬度记录的文本文件"china.dat"和"ptcor01.dat",编写 FORTRAN 程序"cor-stntogrd.f90",调试运行,将站点数据文件"mh-t-1.dat"转换成按 GrADS 要求排列格点数据"mh-t-gr.grd"。
(9)为"mh-t-gr.grd"编写数据描述文件"mh-t-gr.ctl"。
(10)将站点资料通过插值函数插值到格点文件上,首先建立"grid.f90"程序,生成 160 站的格点文件"grid.grd",并书写该文件的数据描述文件"grid.ctl",注意"grid.ctl"中的时间说明要与"mh-t-gr.ctl"中时间一致。

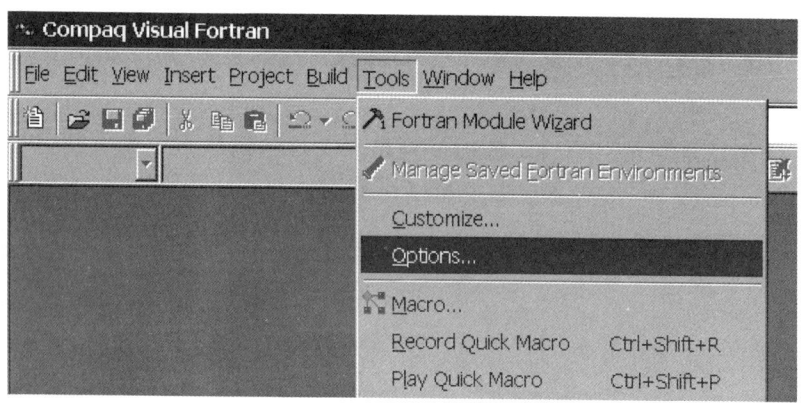

图 6.1 FORTRAN 环境配置 1

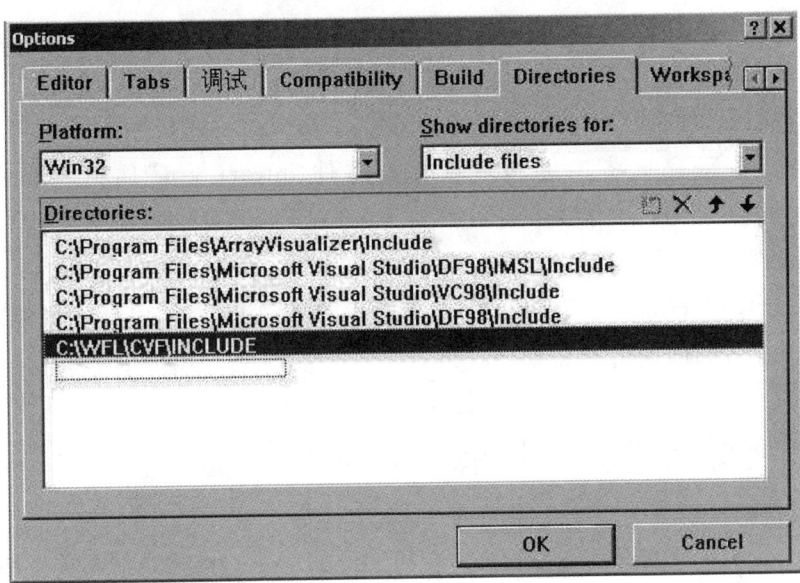

图 6.2　FORTRAN 环境配置 2

图 6.3　FORTRAN 环境配置 3

(11)在 GrADS 运行环境中运行"! stnmap"命令,在提示下输入"mh-t-gr.ctl"的路径和文件名,生成"mh-t-gr.grd"站点映射文件 mh-t-gr.map。

(12)利用插值函数 oacres( )、标记函数 maskout( )、平滑函数 smth9( )等编写"ptcor1.gs",完成将二进制站点资料文件"ptcor1.grd"插值到格点文件"grid.grd"的网格点上,按要求绘制 1951—2010 年 1 月蒙古高压强度与我国气温同期相关图。

(13)启动 GrADS,运行、调试"ptcor1.gs",保存 1951—2010 年 1 月蒙古高压强度与我国气温同期相关图"ptcor.gmf"。

## 6.5 实验实习关键技术及方法

$x$、$y$ 的 $n$ 对观测资料 $x_1,x_2,\cdots,x_n$ 和 $y_1,y_2,\cdots,y_n$,则样本的相关系数 $r_{xy}$ 可这样计算:

$$r_{xy} = \frac{\frac{1}{n}\sum_{t=1}^{n}(x_t-\bar{x})(y_t-\bar{y})}{\sqrt{\frac{1}{n}\sum_{t=1}^{n}(x_t-\bar{x})^2 \cdot \frac{1}{n}\sum_{t=1}^{n}(y_t-\bar{y})^2}} \qquad (6.1)$$

## 6.6 实验实习程序编写

### 6.6.1 计算 1951—2010 年 1 月蒙古高压强度与中国气温同期相关

**ptcor01.f90**

```
!调用 WFL
USE WFL
integer,parameter∷ n=60,start=1951
character*10 char1
integer i
integer(4) station,nstation
```

## 第6章　蒙古高压与中国气温关系分析

```
real a(n), b(n), c(160,n), d(n), e(n), co
!打开蒙古高压强度指数文件
open(1,file='G:\jiaocai\chap6\data\p.dat',form='formatted')
!打开中国160站气温文件
open(2,file='G:\jiaocai\chap6\data\t1601.txt',form='formatted')
open(3,file='G:\jiaocai\chap6\data\mh-t-1.dat',form='formatted')
open(4,file='G:\jiaocai\chap6\data\mh-t-1.grd',form='binary')
read(1,*)(a(i),i=1,n)
close(1)
read(2,*)((c(i,j),i=1,160),j=1,n)
close(2)
!循环调用相关系数计算函数计算蒙古高压强度与中国160站气温同期相关系数
do i=1,160
    do j=1,60
    b(j)=c(i,j)
enddo
!计算相关系数
call COR2 ( n, a, b, co, colev )
!写数据,注意不同类型数据写语句的书写方法
write(3,'(f12.5)') co
write(4)  co
end do
close(3)
close(4)
end
```

### 6.6.2　站点数据转换成格点数据

**cor-stntogrd.f90**

Program cor-stntogrd

```
    real cor(160)
    open(1,file='G:\jiaocai\chap6\data\mh-t-1.dat',form='formatted')
        do i=1,160
            read(1,*)cor(i)
        end do
    close(1)
    call stntogrd(cor)
            end
    !Subroutine for transfering station-data x(160) to grid-data
        Subroutine stntogrd(x)
        real lat(160),lon(160),x(160)
        character*8 stid(160)
    ! read latitude and longitude from china.dat
        open(2,file='G:\jiaocai\chap6\data\china.dat')
        do 20 k=1,160
20      read(2,'(f5.2,2x,f6.2)') lat(k),lon(k)
        close(2)
        do 2 i=1,160
2       stid(i)=char(i)
    open (9,File='G:\jiaocai\chap6\data\mh-t-gr.grd',form='binary')
            TIM=0.0
            NLEV=1
            NFLAG=1
            do 40 i=1,160
                write(9) stid(i),lat(i),lon(i),TIM,NLEV,NFLAG,x(i)
40      continue
    ! at the end of file write last time group terminator.
            NLEV = 0
            write(9) stid(i-1),lat(i-1),lon(i-1),TIM,NLEV,NFLAG
```

```
close(9)
return
end
```

## 6.6.3 生成160站的格点文件

**grid.f90**

```fortran
Program main
parameter (nx=71,ny=41)
real lat(ny),lon(nx)
real s(nx,ny)
open (1,file='G:\jiaocai\chap6\data\grid.grd',form='binary')
lat(1)=15.0
lon(1)=70.0
do j=1,ny-1
lat(j+1)=lat(j)+1.0
end do
do i=1,nx-1
lon(i+1)=lon(i)+1.0
end do
do i=1,nx
do j=1,ny
s(i,j)=1
end do
end do
write(1)s
close (1)
end
```

### 6.6.4 编写"mh-t-gr. grd"的数据描述文件

**mh-t-gr. ctl**

dset　G:\jiaocai\chap6\data\mh-t-gr. grd

dtype　station

stnmap　G:\jiaocai\chap6\data\china. map

undef　-999.0

title　Correlation of t and mh

tdef　1 linear JAN1951 1mo

vars　1

r　0　99　correlation of mhp and t

endvars

### 6.6.5 编写"grid. grd"的数据描述文件

**grid. ctl**

dset G:\jiaocai\chap6\data\grid. grd

undef -999.0

title Sample GRID Data

xdef 71 linear 70 1

ydef 41 linear 15 1

zdef 1 linear 1000 1

tdef 1 linear JAN1951 1mo

vars 1

gd　0　99　grid data prepared for oacres function

endvars

### 6.6.6 绘制1951—2010年1月蒙古高压强度与中国气温同期相关图(图6.4)

**ptcor1. gs**

# 第6章 蒙古高压与中国气温关系分析

```
'reinit'
* 加载数据
'open G:\jiaocai\chap6\data\grid.ctl'
'open G:\jiaocai\chap6\data\mh-t-gr.ctl'
'enable print G:\jiaocai\chap6\pic\ptcor.gmf'
'set map 1 1 1'
'set lon  72.5 137.5'
'set lat  17.5 55'
'set t 1'
'set mpdset hires cnworld'
'set grid off'
'set grads off'
* 插值、平滑
'define a=oacres(gd,r,2,1.5)'
'define a1=maskout(a,gd-0.5)'
'define aa=smth9(a1)'
'set gxout shaded'
* 以下三句是分别调坐标轴与等值线数字的大小
'set xlopts 1 6 0.15'
'set ylopts 1 6 0.15'
'set clopts 0 6 0.12'
'set clevs -0.418 -0.333 -0.256  0.256 0.333 0.418'
'set ccols  4 3   7 0 7   3 4'
'd aa'
'set gxout contour'
'set clab forced'
'set cthick 8'
'd aa'
* 绘制南海地图
```

```
'run G:\study\doc\gs\cor\southsea.gs'
'set mpdset cnriver'
'set map 2 1 8'
'draw map'
'print'
'disable print'
;
```

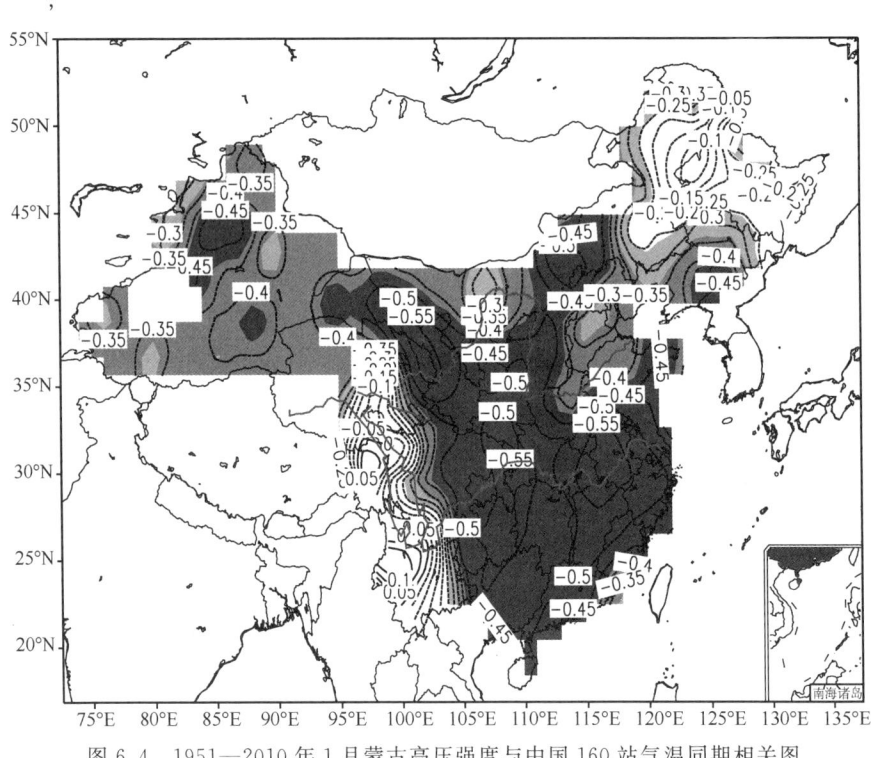

图 6.4  1951—2010 年 1 月蒙古高压强度与中国 160 站气温同期相关图

# 6.7 实例学习

**例 1** 绘制 2007 年 7 月 7—8 日江淮地区 1092 个站 24 小时累积降水分布图。

资料说明:多台站记录的 2007 年 7 月 8 日 24 h 累积降水量资料,保存为文本资料"rain24.txt"(图 6.5)。

## 第6章 蒙古高压与中国气温关系分析

```
54452  119.81  40.80  367    5.7
54454  120.35  40.35   16   13.3
54455  120.70  40.58   10   24.3
54237  121.65  42.03  145     .1
56018   95.30  32.90 4068    6.7
50950  125.25  45.70  150     .01
50963  128.73  45.97  110    3.5
54096  131.15  44.38  498   15.8
56645   99.41  26.41 2345   23.4
56664  101.26  26.63 1242     .7
56684  103.28  26.42 2110    1.1
56739   98.48  25.12 1649    3.0
56768  101.53  25.02 1773     .01
56786  103.83  25.58 1900     .1
56886  103.77  24.53 1708    1.0
56969  101.58  21.50  633     .1
56973  102.83  23.61 1310     .1
50953  126.77  45.75  143     .01
50867  127.35  46.08 9999     .1
  ......
```

图 6.5 文件"rain24.txt"内容

(1) 将十进制数据文件按 GrADS 要求转换为二进制站点数据文件。

```
    real vec(1092)
      real lat(1092),lon(1092)
      integer h(1092)
      character*5 stid(1092)
      open(1,file='E:\rain0\rain24.txt',status='old')
      do 20 k=1,1092
20    read(1,*) stid(k),lat(k),lon(k),h(k),vec(k)
      close(1)
      open (3,file='E:\rain0\rain24.grd',form='binary')
        TIM=0.0
        NLEV=1
        NFLAG=1
      do 40 I=1,1092
      write(3) STID(I),LAT(I),LON(I),TIM,NLEV,NFLAG,vec(i)
```

```
40    continue
      NLEV = 0
      write(3) STID(I-1),LAT(I-1),LON(I-1),TIM,NLEV,NFLAG
      close(3)
```

(2)经 FORTRAN 程序转换后得到二进制站点资料文件 rain24.grd,编写其对应的数据描述文件 station.ctl。

```
dset      E:\rain0\rain.grd
dtype     station
stnmap    E:\rain0\rain.map
undef     -999.0
title     Autumn Rain
tdef      1 linear 08:00Z07JUL2007 1hr
vars      1
p  0  99  rainfall data
endvars
```

(3)编辑完数据描述文件后,利用"stnmap"命令生成映射文件"rain.map"

ga_>! stnmap

....

出现提示信息 Enter stnctl filename:

输入刚才编辑完成的数据描述文件的路径及名称

E:\rain0\station.ctl  回车

即可在 E:\rain0 目录下生成 rain.map

(4)准备格点数据资料及对应的数据描述文件。

■ 该格点资料以备站点资料插值使用

■ 格点资料设置的分辨率决定了站点资料插值后的分辨率

■ 格点资料的精度和范围应比站点资料大

■ 格点资料的描述时间应与站点资料一致

(5)格点数据资料"prc5.dat"的数据描述文件。

dset E:\rain0\prc5.dat

## 第6章 蒙古高压与中国气温关系分析

```
title prcp
undef -9.99E33
xdef 141 linear 70 0.5
ydef 81 linear 15 0.5
zdef 1 linear 1 1
tdef 1 linear 08:00Z07JUL2007 1hr
vars 1
g 0 99 afd
endvars
```

(6)将二进制站点资料"rain24.grd"插值到格点文件"prc5.dat"的网格点上,并绘图(图6.6)。

```
'reinit'
'open E:\rain0\prc5.ctl'
'open E:\rain0\station.ctl'
'set lat 25 35'
'set lon 110 125'
'define a=oacres(g,p.2)'
'define a1=maskout(a,g-0.5)'
'define aa=smth9(a1)'
'set grads off'
'set mpdset cnworld'
'set map 1 1 1'
'enable print E:\rain0\rain24.gmf'
'd aa'
'print'
'disable print'
;
```

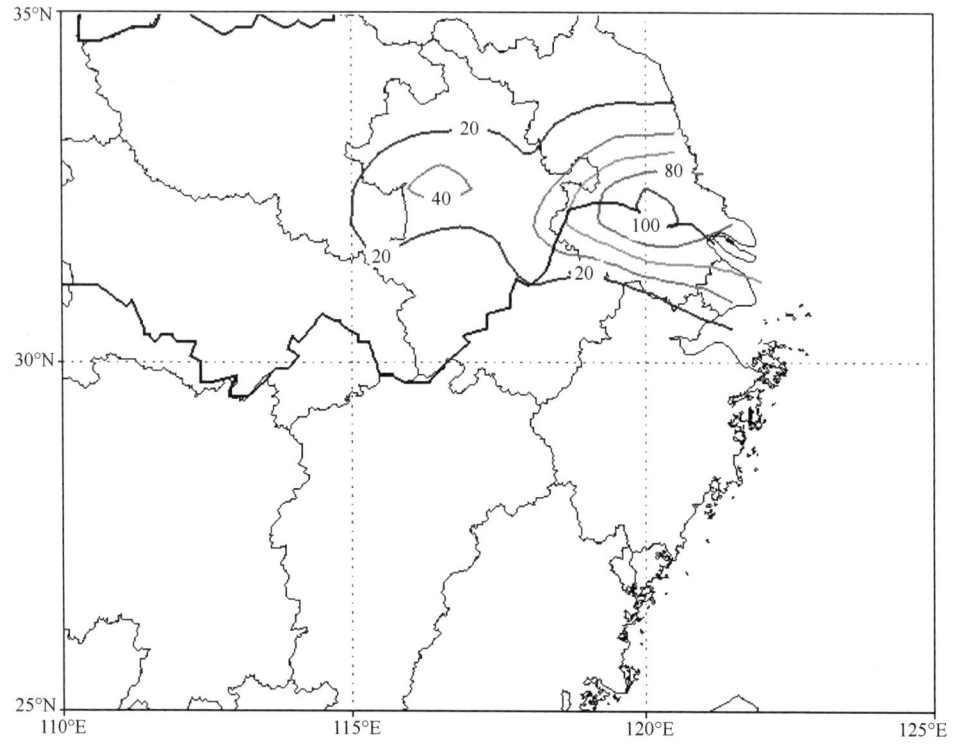

图 6.6 2007 年 7 月 7—8 日江淮地区 1092 个站 24 小时累积降水分布图(单位:mm)

**例 2** 利用 Nino3.4 区海温指数与海平面气压资料,绘制 1951—2013 年 1 月 Nino34 海温指数与海平面气压同期相关图(图 6.7)。使用资料如下:

Nino34 指数:Nino34.txt 是 1951 年 1 月—2013 年 12 月 Nino3.4 区(热带太平洋:170°W—120°E、5°N—5°S)区域平均海温指数资料,共有 63 行数据,每行数据第一个数字为年份,后面 12 个数字为该年 1—12 月的海温指数。

全球海平面气压月平均数据:slp.jan.grd 为 1951 至 2013 年 1 月全球海平面气压场二进制数据,年数为 63 年,格点数 144×73,格点间距 2.5°×2.5°。

(1)绘图步骤

➢ 用 FORTRAN 编写 corr.station.f90 文件,计算 1951—2013 年 1 月 Nino34 海温指数与 7 月 160 站降水相关系数,计算结果保存于 corr.7.txt 和 corr.7.grd 文件中;

➢ 书写 corr.7.grd 的数据描述文件 corr.7.ctl;

➢ 准备 corr.7.grd 的站点映射文件 corr.7.map;

## 第6章 蒙古高压与中国气温关系分析

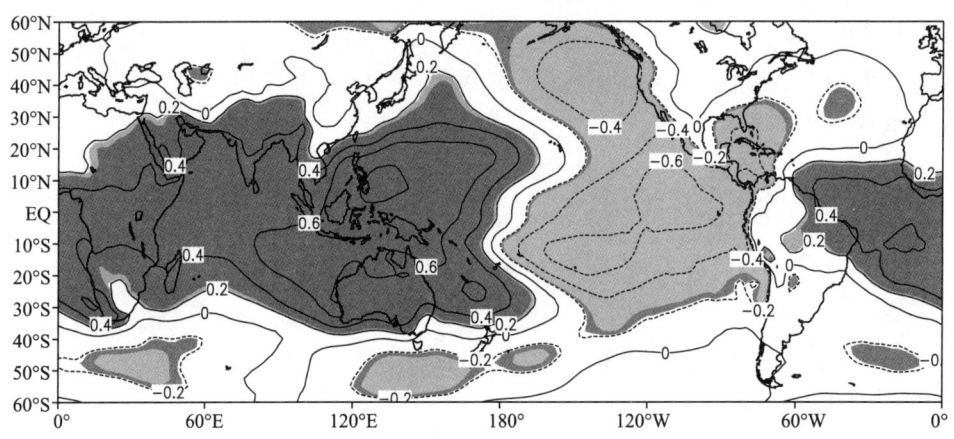

图 6.7  1951—2013 年 1 月 Nino34 海温指数与海平面气压同期相关图

➤ 准备 GrADS 画站点图时插值时所需格点数据 Grid.grd 及其描述文件 Grid161.ctl；

➤ 编写 rain.corr.gs 文件，绘制 1951—2013 年 1 月 Nino34 海温指数与 7 月中国 160 站降水相关系数图，保存于 corr.7.gmf 文件中。

(2)corr.grid.f90 文件内容

```
!-----------------------求相关系数-------------------!
! 1951—2013 年 1 月海平面气压场,格点资料,144*73
!1951 年 1 月—2013 年 12 月 nino3.4 区海温指数
!---nt 为年数,in 为 x 方向格点数,jn 为 y 方向格点数,nm 为月数
!yh(nm,nt)为 nino3 区海温指数,slp(in,jn,nt)为海平面气压
!rr(in,jn)为相关系数
parameter(nt=63,in=144,jn=73,nm=12)
real slp(in,jn,nt),yh(nm,nt),ri(nt),si(nt),rr(in,jn)
!------------读取 1 月海平面气压场------------------
open(40,file='E:\slp.jan.grd',form='binary')
do   it=1,nt
do iy=1,jn
   read(40)(slp(ix,iy,it),ix=1,in)
```

```
end do
end do
close(40)
 !------------读取 nino3.4 sst 指数----------------
 open(2,file='E:\nino34.txt')
 !1951 年 1 月—2013 年 12 月 nino3 区海温指数
do    it=1,nt
      read(2,*)iyear,(yh(k,it),k=1,nm)
    write(*,*)yh(1,it)
 end do
 close(2)
 !------计算 1 月 nino3 区海温指数与 1 月 slp 的相关系数
 do iy=1,jn
 do ix=1,in
 do it=1,nt
 !1 月 nino3 区海温指数
 si(it)=yh(1,it)
 !某格点海平面气压场
 ri(it)=slp(ix,iy,it)
 end do
 !调用相关系数子程序
  call correlation(nt,ri,si,r)
 rr(ix,iy)=r
 end do
 end do
 !--------写出十进制的相关系数文件-------------
 open(3,file='E:\corr.slp.txt')
 do iy=1,jn
 do ix=1,in
```

## 第6章 蒙古高压与中国气温关系分析

```
write(3, * )rr(ix,iy)
end do
end do
close(3)
!---------写出可用于Grads绘图的二进制文件---
open(4,file='E:\corr.slp.grd',form='binary')
do iy=1,jn
do ix=1,in
write(4)rr(ix,iy)
 end do
 end do
 close(4)
 end
!------求两个一维时间序列的相关系数子程序-
!n为时间长度,x,y为两个时间序列,r为相关系数
Subroutine correlation(n,x,y,r)
real x(n),y(n)
ave1=0.0; ave2=0.0; var1=0.0; var2=0.0
do i=1,n
ave1=ave1+x(i)/real(n)
ave2=ave2+y(i)/real(n)
end do
do i=1,n
var1=var1+(x(i)-ave1)**2
var2=var2+(y(i)-ave2)**2
end do
tmp=0.0
do i=1,n
tmp=tmp+(x(i)-ave1)*(y(i)-ave2)
end do
```

r＝tmp/sqrt(var1 * var2)

 end

(3)corr.slp.ctl 文件内容

dset E:\corr.slp.grd

undef －9.99E＋33

xdef　144 linear　　0　2.5

ydef　　73 linear　　－90　2.5

zdef　　1 levels　1000

tdef　　1 linear　01jan1951 1mo

vars 1

corr 0 99 q1

endvars

(4)"rain.slp.gs"文件内容

'reinit'

'open E:\corr.slp.ctl'

'set rgb 41 225 255 255'

'set rgb 42 180 240 250'

'set rgb 43 150 210 250'

'set rgb 44 120 185 250'

 * 设定彩虹色

'set rgb 45　80 165 245'

'set rgb 46　60 150 245'

'set rgb 47　40 130 240'

'set rgb 48　30 110 235'

'set rgb 49　20 100 210'

'set rgb 61 255 230 230'

'set rgb 62 255 200 200'

'set rgb 63 248 160 160'

'set rgb 64 230 140 140'

'set rgb 65 230 112 112'

## 第6章 蒙古高压与中国气温关系分析

```
'set rgb 66 230  80  80'
'set rgb 67 200  60  60'
'set rgb 68 180  40  40'
'set rgb 69 164  32  32'
*设定经度、纬度和时间维
'set lat -60 60'
'set lon 0 360'
'set t 1'
'enable print E:\corr.slp.gmf'
'set t 1'
'set parea 1 10 1 8'
'set xlopts 1 2 0.15'
'set ylopts 1 2 0.15'
'set GrADS off'
'set grid off'
'set poli on'
*设定输出图形类型为阴影
'set gxout shaded'
*设定显示等值线及其颜色
'set clevs -0.24 -0.21 0.21 0.24'
'set ccols 43  45 0 62  64'
'd corr'
*设定输出图形类型为等值线
'set gxout contour'
'd corr'
'print'
'c'
'disable print'
'reinit'
;
```

# 参考文献

陈延聪,王盘兴,周国华,等.2009.夏季南亚高压的一组环流指数及其初步分析[J].大气科学学报,**32**(6):101-107.

《大气科学辞典》编委会.1994.大气科学辞典[M].气象出版社:93.

龚道溢,王绍武.1999.全球变暖可能影响的研究[J].地理学报,**54**(2):125-133.

龚道溢,朱锦红,王绍武.2002.西伯利亚高压对亚洲大陆的气候影响分析[J].高原气象,**21**(1):8-21.

管树轩,王盘兴,麻巨慧,等.2009.北半球 10 hPa 极地涡旋环流指数定义及分析[J].高原气象,**28**(4):777-785.

刘晴晴,王盘兴,徐祥德,等.2011.蒙古高压一组环流指数及与中国同期气候异常关系分析[J].热带气象学报,**27**(6):889-898.

麻巨慧,王盘兴,郭栋,等.2009.南半球 10 hPa 极地涡旋环流的多尺度变化特征分析[J].高原气象,**28**(6):1299-1307.

任律,王盘兴,李丽平.2011.印度低压异常特征及与印度、中国同期降水相关的分析[J].热带气象学报,**27**(4):509-518.

孙晓娟,王盘兴,智海,等.2010.蒙古高压若干环流指数及与我国冬季气温异常相关的分析和比较[J].高原气象,**29**(6):1493-1500.

孙晓娟,王盘兴,智海,等.2011.阿留申低压四种环流指数的分析与比较[J].大气科学学报,**34**(1):74-84.

王盘兴,卢楚翰,管兆勇,等.2007.闭合气压系统环流指数的定义及计算[J].南京气象学院学报,**30**(6):730-735.

王盘兴,赵辉,任律,等.2010.闭合气压系统中心位置指数的计算方案[J].大气科学学报,**33**(5):520-526.

王遵娅,丁一汇.2006.近53年中国寒潮的变化特征及其可能原因[J].大气科学,**30**(6):1068-1075.

武炳义,王佳.2004.冬季北极涛动和北极海冰变化对东亚气候变化的影响[J].极地研究,**19**(2):297-318.

叶笃正,朱抱真.1958.大气环流的若干基本问题[M].北京:科学出版社.

章基嘉.1994.中长期天气预报基础[M].北京气象出版社:1-348.

朱乾根,施能,吴朝晖,等.1997.近百年北半球冬季大气活动中心的长期变化及其与中国气候[J]. 气象学报,**55**(6):750-758.

Wang P X, Wang J X L, Zhi H, et al. 2012. Circulation Indices of the Aleutian Low Pressure System: Definitions and Relationships to Climate Anomalies in the Northern Hemisphere[J]. Advances in Atmospheric Sciences,**29**:1111-1118.